Wiederholung und Vertiefung

1 An meinem Fahrrad ist alles dran,
damit so leicht nichts passieren kann.
Wenn ich mich auf meinen a) _____ schwing',
ist so ein Fahrrad ein starkes Ding.

Ich hab' ne b) _____ am Lenker vorn.
Und nebenan ist meine c) _____,
und die bremst enorm.
Ich hab' ne d) _____, die scheint voran,
und mit dem roten e) _____ hinten
sieht mich sicher jedermann.

An meinem Fahrrad …

O 938
F 937
U 927
E 917
I 779
Z 773
P 769
A 753
S 750

1

a) 742 + 8
745 + 8
376 + 5
372 + 9
567 + 7
569 + 7

b) 404 − 8
584 − 8
783 − 4
585 − 6
400 − 9
580 − 6
583 − 7

c) 751 + 200
723 + 30
300 + 279
911 + 60
510 + 25
400 + 335
317 + 600
649 + 30
620 + 77
890 + 27

d) 976 − 400
803 − 50
700 − 21
800 − 31
874 − 300

e) 719 + 16
917 + 24
36 + 631
48 + 348
638 + 38
728 + 51
639 + 28
922 + 29
49 + 332

A 573
B 535
K 396
T 381
G 391
E 574
L 576
N 579
C 667
L 676
M 679
S 697
R 735

2 Mein a) _____, das strahlt zurück,
auch an den Füßen, die b) _____ leuchten auf
beim ersten Blick.
In meinen c) _____ ist etwas drin:
Vier d) _____ blinken gelb,
damit ich gut zu sehen bin.

An meinem Fahrrad …

3 Zwei große a) _____, die leuchten hell
nach vorne weiß, nach hinten rot,
ja, die sieht wirklich jeder schnell.
Und weil die Technik mir sonst nichts nützt,
fahr' ich so sicher, wie ich kann,
und bin mit einem b) _____ geschützt.

An meinem Fahrrad …

4 Ein Polizist denkt: „Da fehlt noch was!"
Doch wenn ich mit dem _____ bremse,
bleib ich steh'n und er wird blass.

An meinem Fahrrad …

Text: Rolf Zuckowski

2

a)
410 − 14
782 − 29
400 − 19
796 − 23
996 − 79
591 − 12
600 − 27
963 − 36
402 − 11
601 − 27

b)
469 + 300
200 + 374
400 + 571
353 + 400
376 + 300
200 + 717

c)
950 − 200
869 − 100
974 − 400
979 − 200
867 − 200
1051 − 100
1017 − 100
1079 − 500

d)
400 + 300 + 35
100 + 74 + 400
37 + 600 + 300
100 + 400 + 76
500 + 400 + 17
0 + 96 + 300
300 + 81 + 0
38 + 200 + 700
35 + 200 + 500
74 + 500 + 0
0 + 500 + 79

3

a)
900 − 100 − 50
500 − 100 − 19
1000 − 200 − 65
900 − 47 − 100
1000 − 0 − 49
800 − 24 − 200
1000 − 53 − 30
900 − 100 − 65

b)
411 + 540
305 + 612
323 + 253
355 + 324

4

950 − 215
1000 − 59
889 − 222
504 − 108
690 − 309
955 − 220
889 − 110
441 − 60
591 − 210

g) Meine Zahl ist um 140 kleiner als 500.

h) Meine Zahl ist halb so groß wie 1080.

i) Wenn du von meiner Zahl 130 subtrahierst, erhältst du 500.

1 Wie rechnest du?

a)	b)	c)	d)	e)
650 + 180	280 + 620	330 + 370	470 + 270	680 + 140
650 + 260	280 + 360	560 + 370	120 + 480	560 + 280
650 + 150	280 + 490	210 + 370	290 + 340	110 + 390

500 580 600 630 640 700 740 770 800 820 830 840 870 900 910 930

2 a) Alle Summen haben die Quersumme 11.

200 | 470 | 650 + 90 | 180 | 270

b) Alle Summen haben die Quersumme 9.

90 | 360 | 630 + 90 | 180 | 270

3 Im Kopf oder schriftlich? Achte auch auf Wecker-Aufgaben.

a)	b)	c)
300 + 275	371 + 459	205 + 65 + 507
159 + 478	605 + 260	336 + 380 + 267
385 + 315	482 + 499	203 + 260 + 209

575 637 672 675 700 777 809 830 865 981 983 1 000 1 000

300 + 275 = 575
Summand — Summe

4

a)	b)	c)	d)	e)
3 2 □	□ 4 □	1 7 □	2 7 8	3 0 3
+ 2 3 0	+ 3 0 6	+ □ 2 1	+ □ 6 □	+ □ □ □
+ □ 4 7	+ 2 1 0	+ 2 1 3	+ 4 0 5	+ 4 4 4
7 □ 8	8 □ 4	7 □ 8	9 □ 0	1 0 4 3

5 In jedem Päckchen sind drei Ergebnisse falsch. Du findest sie durch den Überschlag. Rechne nur die Aufgaben, deren Ergebnis falsch ist.

a) 286 + 517 = 803
419 + 396 = 715
324 + 278 = 602
486 + 496 = 882
218 + 281 = 599

b) 277 + 415 + 93 = 885
589 + 205 + 197 = 991
462 + 209 + 188 = 809
158 + 538 + 287 = 983
277 + 282 + 236 = 725

6 Alle drei Ergebnisse zusammen ergeben 20 €.

a)	b)	c)
4,25 € + 2,55 €	4,98 € + 2,99 €	3,99 € + 0,97 € + 1,56 €
3,90 € + 2,65 €	4,05 € + 4,99 €	2,59 € + 3,18 € + 0,77 €
4,69 € + 1,96 €	1,43 € + 1,56 €	1,21 € + 2,75 € + 2,98 €

Weitere Übungen Seite 128

1 Wie rechnest du?

a) 730 – 360
730 – 450
730 – 280

b) 960 – 820
960 – 390
960 – 460

c) 810 – 370
630 – 370
700 – 370

d) 800 – 250
940 – 250
420 – 250

e) 530 – 350
710 – 290
900 – 440

140 170 180 260 280 330 370 420 440 450 460 500 550 570 670 690

2 a) Alle Ergebnisse haben die Quersumme 10.

1000 | 910 | 820 – 90 | 270 | 540

b) Alle Ergebnisse haben die Quersumme 9.

1000 | 730 | 460 – 280 | 100 | 190

3 a)

630 – 70

630 – 72
630 – 75
630 – 78

b)

540 – 80

540 – 84
540 – 87
540 – 83

c)

720 – 60

723 – 60
726 – 60
729 – 60

d)

450 – 90

456 – 90
451 – 90
455 – 90

4 a) 435 – 70
437 – 70
439 – 70

b) 721 – 50
724 – 50
726 – 50

c) 510 – 33
510 – 39
510 – 36

d) 840 – 82
840 – 88
840 – 85

e) 600 – 61
600 – 67
600 – 69

365 367 369 471 474 477 531 533 539 671 674 676 752 755 758 774

5

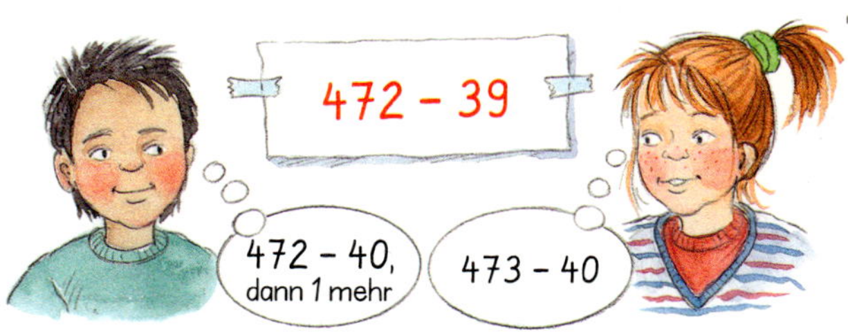

a) 472 – 39
586 – 59
791 – 69
643 – 29

b) 740 – 299
502 – 399
800 – 499
955 – 399

c) 620 – 59
803 – 79
656 – 99
722 – 49

103 301 433 441 527 556 557
561 614 673 721 722 724

6 Wie geht es weiter? Schreibe noch zwei Aufgaben dazu.

a) 830 – 260
830 – 360
830 – 460

b) 740 – 280
640 – 280
540 – 280

c) 910 – 670
810 – 570
710 – 470

d) 920 – 50
820 – 150
720 – 250

e) 630 – 340
640 – 350
650 – 360

1

a)	b)	c)	d)	e)	f)
961	632	794	922	905	775
− 354	− 75	− 216	− 304	− 318	− 179

557 578 587 588 596 607 618

2 Im Kopf oder schriftlich? Wie geht es schneller? Achte auch auf Wecker-Aufgaben.

a)	b)	c)
591 − 200	701 − 206	574 − 234
889 − 620	912 − 413	880 − 367
487 − 359	648 − 369	764 − 139
735 − 390	815 − 374	608 − 368
600 − 435	872 − 269	790 − 287

128 165 240 269 279 340 345 391 441 495 499 503 513 587 603 625

3

a)	b)	c)	d)	e)
□ 2 9	7 □ □	8 □ 4	9 □ 2	7 3 4
− 3 □ 5	− □ 7 2	− 4 3 □	− □ 3 6	− □ □ 8
4 8 □	3 4 6	□ 3 3	4 4 □	4 7 □

4 In jedem Päckchen sind drei Ergebnisse falsch. Du findest sie durch den Überschlag. Rechne nur die Aufgaben, deren Ergebnis falsch ist.

a) 708 − 296 = 412
689 − 203 = 416
811 − 687 = 224
906 − 579 = 327
413 − 188 = 125

Ü: 700 − 300 = 400
708 − 296 = 412
könnte richtig sein.

b) 709 − 384 = 425
685 − 278 = 407
892 − 469 = 493
576 − 318 = 158
687 − 478 = 209

5 Schreibe untereinander, dann berechne die Differenz.

a)	b)	c)
640 − 217	736 − 427	748 − 612
903 − 148	536 − 92	876 − 63
752 − 357	472 − 89	263 − 78

Das Ergebnis einer Minus-Aufgabe heißt Differenz.

6 Alle vier Ergebnisse zusammen ergeben 20 €.

a) 9,49 € | 6,18 € − 3,76 € | 1,91 €

b) 8 € | 4,07 € − 0,98 € | 1,09 €

7 Besondere Zahlen im Ergebnis.

a) Subtrahiere von 508 die Zahl 264. Von der Differenz ziehe dann die Zahl 156 ab.

b) Subtrahiere von der Zahl 335 das Doppelte von 151.

c) Subtrahiere von der Zahl 368 die Hälfte von 648.

d) Subtrahiere von der Zahl 718 die Summe von 287 und 365.

① Die schriftliche Subtraktion wird nach dem eingeführten Verfahren notiert.

Weitere Übungen Seite 128

Liebe Oma,

unsere Ferien im Heuhotel waren total klasse! Jeden Tag sind wir Rad gefahren und haben etwas unternommen. Aber am schönsten war es am Samstag im Zoo! Du weißt ja, wie gerne ich Elefanten mag!
Wir sind mit dem Bus gefahren, weil der Zoo so weit weg war. Als wir um zehn vor neun an der Bushaltestelle waren, war der Bus gerade 5 Minuten weg. Zum Glück fährt jede halbe Stunde ein Bus zum Zoo.
Der Bus braucht gar nicht lange.
Wir waren nämlich immer noch 10 Minuten zu früh da. Der Zoo öffnete erst um zehn.
Aber das Warten hat sich gelohnt!
Am besten fand ich die Elefantendusche.
Tom war zwar etwas sauer, weil wir bei der Krokodil-Fütterung schon nach 20 Minuten weitergegangen sind.
Aber ich wollte auf keinen Fall die Elefantendusche verpassen.
Und dahin mussten wir noch 10 Minuten laufen.
Nachher sind Stefan und Tom mit Papa nochmal ins Aquarium gegangen.
Ich war mit Mama im Regenwald.
Die Flugschau wollten wir uns wieder zusammen ansehen. Eigentlich wollten wir uns eine Viertelstunde vor Beginn am Eingang treffen, aber die anderen kamen 10 Minuten später.
Zum Schluss sind wir noch bei den Seelöwen, Pinguinen und Fischottern vorbei gegangen. Um halb fünf waren wir dann wieder im Heuhotel.
Was hast du denn letzte Woche gemacht?

Liebe Grüße, deine Karo.

Elefantendusche

11.30 Uhr/14.30 Uhr

1 An welchem Tag war Karo mit ihrer Familie im Zoo?

2 Was fand Karo im Zoo am besten?

3 Warum ist Tom sauer geworden?

4 Um wie viel Uhr fahren Busse vom Heuhotel zum Zoo?

5 Welchen Bus hat Karos Familie genommen?

6 Wann sind sie am Zoo angekommen?

7 Wie lange dauerte die Busfahrt zum Zoo?

8 Wann begann die Fütterung der Krokodile?

9 Die Flugschau beginnt zur gleichen Zeit wie die Elefantendusche.
Um wie viel Uhr wollte sich die Familie am Eingang zur Flugschau treffen?

10 Wann waren Stefan, Tom und der Vater am Treffpunkt?

11 Der Weg von der Bushaltestelle zum Heuhotel dauert 20 Minuten.
Wie viele Stunden war Karos Familie an diesem Tag unterwegs?

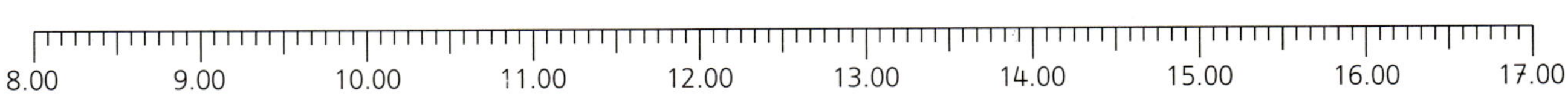

1 a) 4 | 8 | 10 · 3 | 6 | 60   b) 6 | 7 | 70 · 2 | 5 | 10

2

b) 

c) 

d) 

e) 

3

a) 

b) 

c) 

d) 

4

8 · 36 = 288
8 · 30 = 240
8 · 6 = 48

a)	b)	c)	d)
8 · 36	4 · 65	58 · 7	44 · 8
7 · 53	5 · 84	76 · 4	34 · 7
6 · 47	3 · 92	87 · 9	93 · 3

238 260 276 279 282 288 304 352 371 406 420 473 783

5 Bei den Ergebnissen ist die Quersumme immer 9 oder 18.

a) 3 | 6 | 9 · 72 | 39 | 81   b) 63 | 48 | 54 · 9 | 3 | 6

6

a)	b)	c)	d)
3 · 99	8 · 58	66 · 9	59 · 8
5 · 79	7 · 35	28 · 4	43 · 7
6 · 49	4 · 39	67 · 3	69 · 6

112 156 201 245 294 297 301 395 414 464 472 478 594

7

a)

•	40	7	
8	320	56	376
2			

b)

•	50	3	
4			
6			

8

a)

•	30	6	
	270		
4			

b)

•		7	
		35	
8	480		

c)

•		9	
	90		
9			
	360		

⑦ ⑧ Malifanten-Regel: Erst die Mitte: Mal-Aufgaben, dann der Rand: Plus-Aufgaben. Fußzahl testen

Weitere Übungen Seite 128

1 Maxi macht 60er-Sprünge,
Mini 6er-Sprünge.
Wie viele Sprünge macht Maxi,
wie viele Mini?

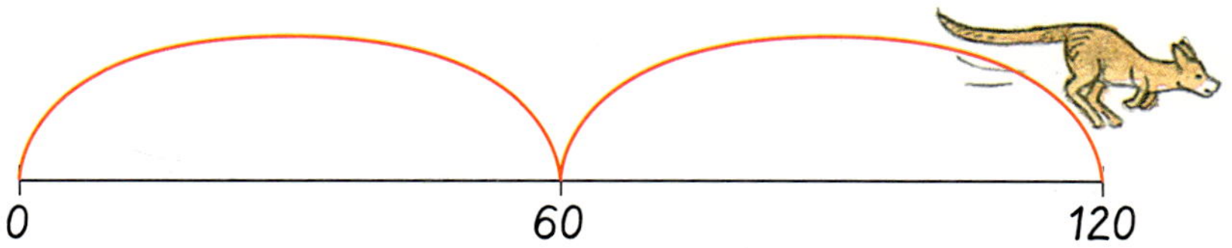

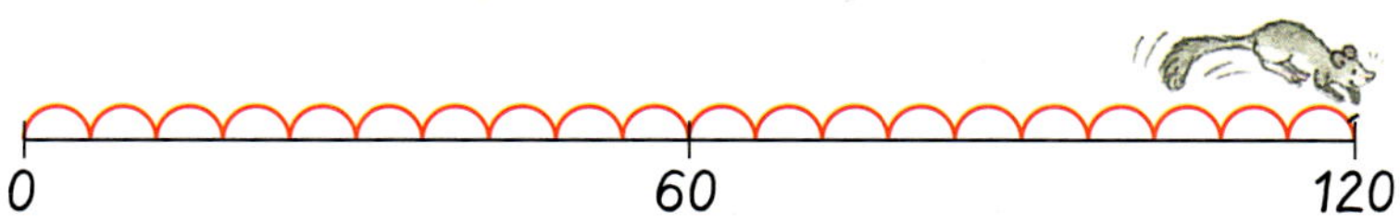

a) 240 : 60
240 : 6

b) 360 : 60
360 : 6

c) 480 : 60
480 : 6

d) 540 : 60
540 : 6

2 Maxi macht 80er-Sprünge, Mini 8er-Sprünge. Sie treffen sich bei den Maxi-Zahlen.
Welche Zahlen sind Maxi-Zahlen? Schreibe dazu zwei Aufgaben.

120 160 400 500 560 240 320 420 480 600

3 Mini springt bis zu den Maxi-Zahlen. Wie viele Sprünge muss sie machen?

a)	b)	c)	d)	e)	f)
150 : 3	240 : 4	320 : 8	420 : 7	630 : 9	400 : 5
450 : 5	350 : 7	240 : 6	480 : 8	490 : 7	240 : 8
480 : 6	540 : 9	270 : 9	360 : 4	180 : 3	560 : 7

30 30 40 40 50 50 60 60 60 60 60 70 70 70 80 80 80 90 90

4 Mini macht 3er-Sprünge. Sie springt bis 192.
Wie viele Sprünge macht sie?

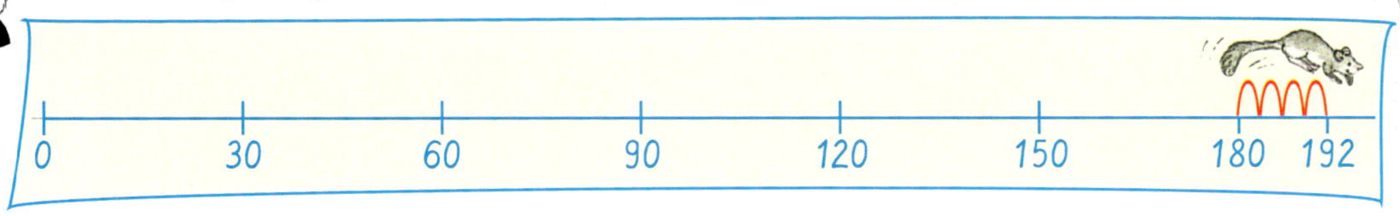

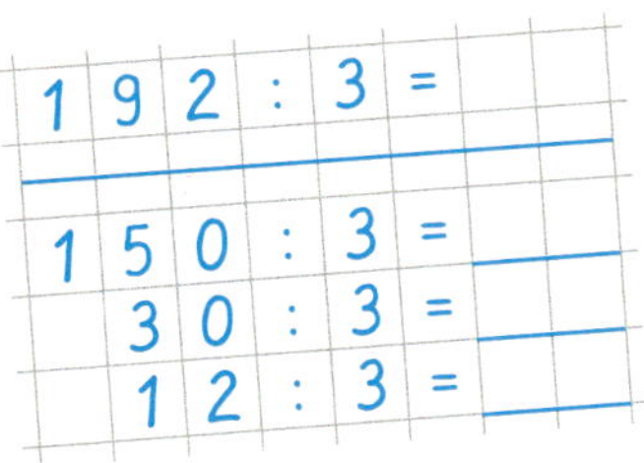

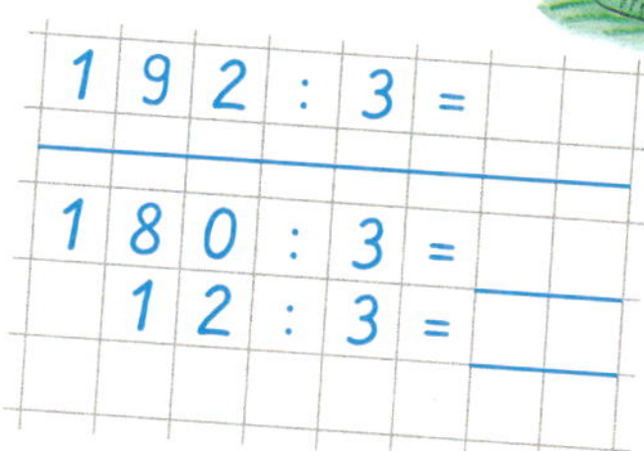

5 Erst zur Maxi-Zahl, dann weiter.

a)	b)	c)	d)	e)	f)
324 : 6	192 : 3	252 : 3	335 : 5	380 : 5	196 : 4
256 : 4	372 : 6	567 : 7	416 : 8	256 : 8	495 : 5
164 : 2	297 : 9	270 : 6	385 : 7	272 : 4	152 : 8

19 32 33 45 49 52 54 55 62 64 64 67 68 74 76 81 82 84 99

6 a) 128 168 208 : 2 4 8

16 18 21 26 32 42 52 64 84 104

b) 126 162 216 : 3 6 9

14 18 21 24 27 36 42 54 63 72

Weitere Übungen Seite 128

1

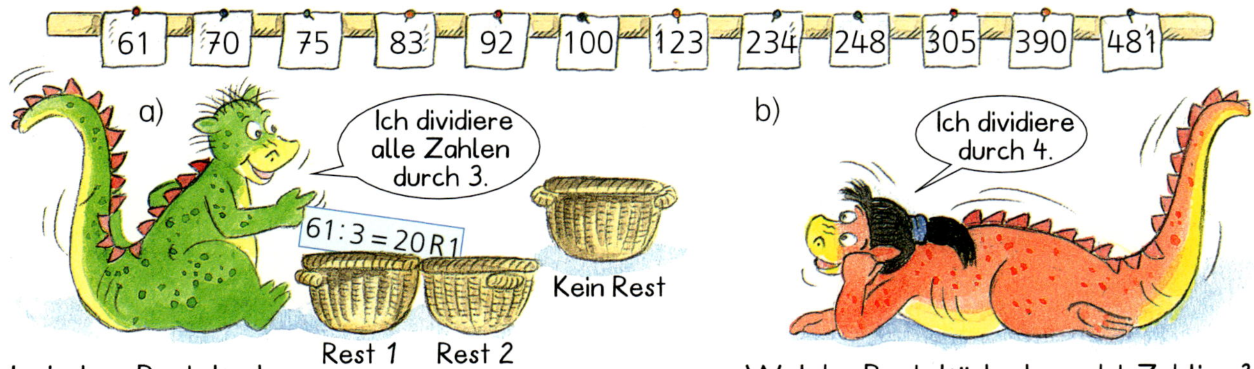

In jedem Restekorb sind gleich viele Zettel.

Welche Restekörbe braucht Zahline? In jedem Restekorb sind gleich viele Zettel.

c) Dividiere die Zahlen auch durch 5 und durch 10. Welche Restekörbe brauchst du?

2 Zweier-Reste, Zehner-Reste und Fünfer-Reste erkennt man gleich.
Dividiere a) durch 2, b) durch 10, c) durch 5.

81 152 183 204 235 256 317 388 449 520

3 Ein Sack voller Zehner-Zahlen.
a) Dividiere durch 6. Manchmal bleibt ein Rest.
b) Schau dir die Reste an. Was fällt auf?

20 : 6 = 3 R 2

4 Dividiere die Zahlen a) durch 8, b) durch 7, c) durch 9.

5 a) Dividiere durch 6. Manchmal bleibt ein Rest.
b) Dividiere durch 7. c) Dividiere durch 9. d) Dividiere durch 8.

100 150 200 250 300 350 400

100 : 6 = 16 R 4
60 : 6 = 10
36 : 6 = 6
4 : 6

6

a) Dividiere durch 60. Bei welchen Zahlen bleibt ein Rest?
b) Dividiere durch 70. Die Reste sind immer verschieden.
c) Dividiere durch 80.
d) Dividiere durch 90. Was fällt dir an den Resten auf?
e) Es bleibt niemals ein Rest. Durch welche Zehner-Zahl wurde dividiert? Es gibt mehrere Möglichkeiten.

7

a)	b)	c)	d)	e)
130 : 60	210 : 40	340 : 50	430 : 70	680 : 80
130 : 6	210 : 4	340 : 5	430 : 7	680 : 8

2 R 10 5 R 10 6 R 10 6 R 40 8 R 40 16 21 R 4 52 R 2 61 R 3 68 85

8

a)	b)	c)	d)	e)
240 : 50	130 : 30	350 : 80	260 : 70	350 : 90
24 : 5	13 : 3	35 : 8	26 : 7	35 : 9

4 R 1 4 R 3 4 R 4 4 R 10 4 R 30 4 R 40 3 R 5 3 R 8 3 R 10 3 R 50 3 R 80

9 Die drei Aufgaben in einem Päckchen haben denselben Rest.

a)	b)	c)	d)	e)
180 : 7	430 : 8	320 : 9	130 : 7	620 : 9
390 : 7	550 : 8	770 : 9	620 : 7	980 : 9
845 : 7	870 : 8	950 : 9	760 : 7	998 : 9

Weitere Übungen Seite 129

1 Bilde aus den Ziffernkärtchen vier dreistellige Zahlen. Dividiere jede Zahl durch 9.
Was fällt dir auf?

a) 2 3 0 b) 6 1 0 c) 4 2 0 d) 9 9 0

2 198 322 297 299 391 396 534 692 791 891 990

a) Dividiere alle Zahlen durch 9.

b) Untersuche die Zahlen aus dem Korb.
Fällt dir etwas auf?

Kein Rest

3 Dividiere alle Zahlen durch 9.
Übertrage die Tabelle in dein Heft. Fällt dir etwas auf?

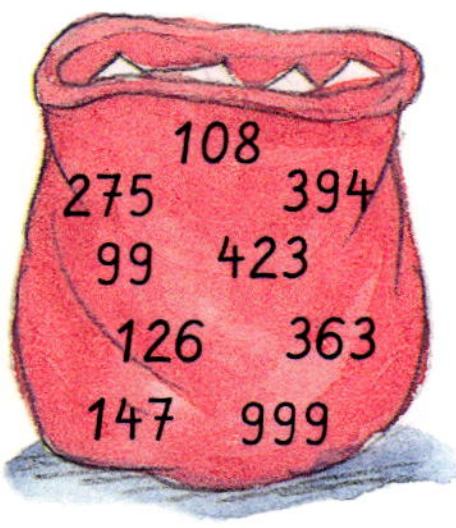

Zahl	Rest	Quersumme
275	5	14
99	0	18

4 Dividiere nur die Zahlen durch 9, die keinen Rest ergeben.
Die Quersumme hilft dir dabei.

144 532 781 942 378 288 378 513 585 954 747 879 173 711 254

5 Dividiere alle Zahlen durch 3. Erstelle eine Tabelle wie in Aufgabe 3.
Was fällt dir auf?

377 421 111 324 345 102 215 201 966 777 501 711

6 Dividiere nur die Zahlen durch 3, die keinen Rest ergeben.
Die Quersumme hilft dir dabei.

102 416 423 510 551 555 603 648 711 752

7 Bei welchen Aufgaben hat das Ergebnis keinen Rest? Rechne nur diese Aufgaben (es sind acht Aufgaben).

372 : 3 242 : 2 370 : 10 297 : 9 352 : 3 755 : 5 731 : 5 352 : 9

369 : 9 159 : 9 157 : 10 143 : 2 252 : 9 115 : 9 214 : 3 378 : 3

8 Schreibe fünf dreistellige Zahlen auf, die sich ohne Rest durch 2 dividieren lassen.

9 Schreibe fünf dreistellige Zahlen auf, die sich ohne Rest durch 9 (3) dividieren lassen.

1 Wie teuer sind die Karten?

a) 3 Hunde-Karten
5 Hunde-Karten
8 Hunde-Karten

3	·	7	0	ct	=	2,	1	0	€

b) 4 Hamster-Karten
6 Hamster-Karten
10 Hamster-Karten

2 Wie teuer ist es?

a) 7 Pferde-Karten

7	·	7	5	ct	=				€
7	·	7	0	ct	=	4,	9	0	€
7	·		5	ct	=		3	5	ct

b) 3 Tier-Bestimmungsbücher

3	·	1,	8	0	€	=				€
3	·	1,	0	0	€	=	3,	0	0	€
3	·		8	0	ct	=	2,	4	0	€

c) 4 Pferde-Karten
d) 6 Tier-Bestimmungs-bücher
e) 3 Sammelmappen

3 Großeinkauf für die Schule

a) **Klasse 4a**
- 4 Hunde-Karten
- 3 Packungen Clown-Karten

b) **Klasse 4b**
- 5 Tier-Bestimmungs-bücher
- 1 Packung Tierstempel

c) **Klasse 4c**
- 4 Katzen-Karten
- 3 Packungen Clown-Karten

4 Am Abend werden die Großpackungen geöffnet und die Teile einzeln verkauft.
Wie teuer ist …

a) eine Clown-Karte,

5,	4	5	€	:	5	=					€
5,	0	0	€	:	5	=	1,	0	0		€
	4	5	ct	:	5	=				9	ct

b) ein Tier-Notizblock,

2,	6	8	€	:	4	=			
2,	4	0	€	:	4	=	6	0	ct
	2	8	ct	:	4	=		7	ct

c) eine Geburtstagskarte?

5,	2	0	€	:	4	=				
4,	0	0	€	:	4	=	1,	0	0	€
1,	2	0	€	:	4	=				

5 Wie teuer sind die Sachen einzeln?

a) eine Blumenkarte
b) ein Tierstempel
c) eine Einladungskarte

Weitere Übungen Seite 129

1 Herr und Frau Preller gehen mit ihren vier Kindern in das Naturkundemuseum. Sie zahlen zusammen 30 € Eintritt. Herr und Frau Schäfer gehen mit ihrem Kind in das gleiche Museum. Sie bezahlen zusammen 18 € Eintritt.
Wie viel Euro kostet der Eintritt für einen Erwachsenen, wie viel für ein Kind?

2 Herr Koller geht mit seinen beiden Kindern in das Erlebnisbad. Er zahlt am Eingang für alle drei 11 €. Herr und Frau Freitag gehen mit ihren drei Kindern auch in das Erlebnisbad. Sie zahlen am Eingang für alle fünf 19 €. Wie viel Euro kostet der Eintritt für einen Erwachsenen, wie viel für ein Kind? Zeichne eine Skizze.

3 Frau Kern hat zwei Pferde, Knolli und Peter.
Knolli frisst in vier Tagen einen Ballen Heu,
Peter frisst in drei Tagen einen Ballen Heu.
Frau Kern hat noch 14 Ballen.
Wie viele Tage reichen die 14 Ballen?

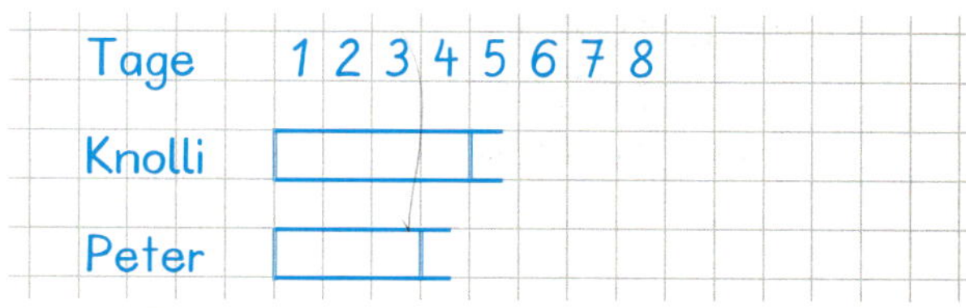

4 Herr Eilers hat einen kleinen und einen großen Hasen. Der kleine Hase frisst in drei Tagen einen Beutel Futter, der große Hase frisst in zwei Tagen einen Beutel. Herr Eilers hat noch zehn Beutel. Wie viele Tage reichen die Beutel? Zeichne eine Skizze.

5 Anna, Lisa, Paula und Tina laufen um die Wette. Die Lehrerin stoppt die Zeit.
Anna war die Schnellste. Lisa brauchte die meiste Zeit. Tina war schneller als Paula.
Welche Zeit liefen die Kinder? Lies am Balkendiagramm ab.

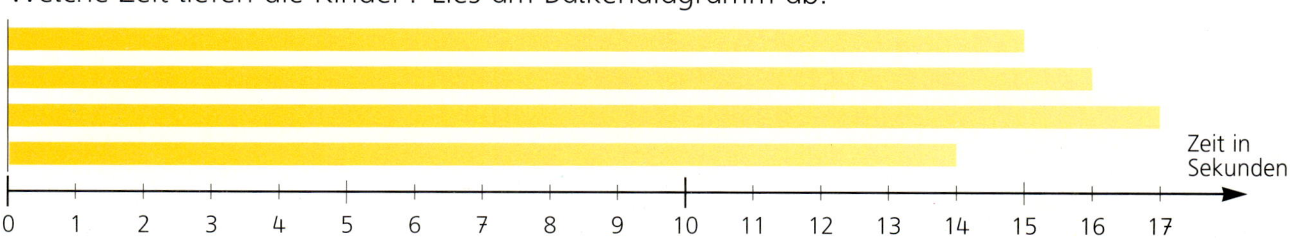

6 Die Kinder haben ihre Größe gemessen.
Eva ist die Größte. David ist der Kleinste.
Jan ist größer als Lena.
Wie groß sind die Kinder?
Lies am Balkendiagramm ab.

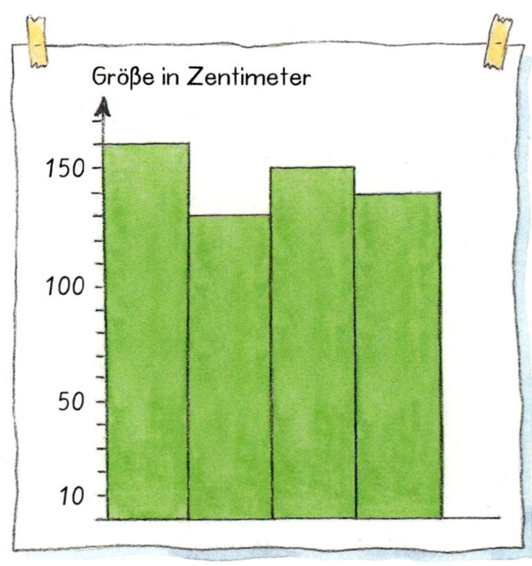

7 Felix, Simon, Nora, Markus und Lars vergleichen ihr Alter.
Simon ist 11 Jahre alt und 1 Jahr älter als Markus.
Markus ist 4 Jahre jünger als Lars und 3 Jahre älter als Felix. Nora ist halb so alt wie Lars.
Zeichne ein Balkendiagramm. 1 Jahr bedeutet 1 cm.

Eine Skizze kann dir helfen.

1 Frau Rass kauft im Gartencenter einen Gartentisch und zwei Stühle. Sie zahlt zusammen 280 €. Herr Klose kauft den gleichen Gartentisch und vier Stühle der gleichen Marke. Er zahlt zusammen 370 €. Wie viel Euro kostet ein Stuhl, wie viel der Gartentisch?

2 Herr und Frau Erhard fahren mit ihren drei Kindern in der Seilbahn auf den Wunnenberg. Sie zahlen zusammen 31 €. Herr Ries fährt mit seinen beiden Kindern auch auf den Wunnenberg. Er zahlt zusammen 18 €. Wie teuer ist die Fahrt für einen Erwachsenen, wie teuer für ein Kind?

3 Herr und Frau Stäuder sind zusammen 84 Jahre alt. Herr Stäuder ist vier Jahre älter als seine Frau.

4 Lucas Mutter ist viermal so alt wie er. Zusammen sind sie 45 Jahre alt.

1 Schreibe die zehn Zahlen der 30er-Reihe auf. Dividiere jede Zahl
a) durch 6, b) durch 5. Was fällt dir auf?

2

a) Dividiere jede Zahl durch 3.

75 84 101 150 180 201

b) Dividiere jede Zahl durch 9.

25 28 35 50 60 67

3 Hier bleibt immer ein Rest.

a)	b)	c)
140 : 30	230 : 40	400 : 70
140 : 3	230 : 4	400 : 7
14 : 3	23 : 4	40 : 7

4 R 2 4 R 20 5 R 3 5 R 5 5 R 30
5 R 50 46 R 2 46 R 5 57 R 1 57 R 2

1

Radiergummi	70 ct
Buntpapier	95 ct
Klebestift	1,99 €
Bastelkarton	2,10 €
Packung mit Wachsmalern	2,70 €
Packung mit Knetgummi	3,90 €

2

3 a) Alexander kauft zwei Bogen Bastelkarton. Er bezahlt mit einem 20-Euro-Schein.
b) Frau Schmidt kauft für ihre Klasse ein. Sie braucht vier Packungen Wachsmaler und vier Klebestifte. In der Klassenkasse sind 20 €.

1 Die Kinder haben ihr Alter verglichen.
Tina ist die Jüngste.
Madeleine ist jünger als Lars.
Felix ist der Älteste.
Wie alt sind die Kinder?

2 Mark, Leon, Anna, Helen und David vergleichen ihre Größe.
Leon ist kleiner als Mark und größer als Anna.
Anna ist nicht die Kleinste. Der Größte ist David.

3

Die Klasse 4a hat die meisten Schülerinnen und Schüler.
Die Klasse 4b hat die wenigsten Schülerinnen und Schüler.
Die Klasse 4c hat mehr Schülerinnen und Schüler als die Klasse 4d.

1 Schreibe zu den Zahlen Vorgänger (V), Nachfolger (N), Nachbarzehner (NZ) und Nachbarhunderter (NH) auf.

a) 749
469

b) 900
581

c) 579
825

d) 243
417

e) 399
662

f) 999
333

2 Bilde aus den Ziffernkärtchen alle dreistelligen Zahlen.
Umfahre die kleinste Zahl rot, die größte Zahl blau.

a) 7 4 9

b) 8 1 5

Wie heißt die Zahl? Sie liegt zwischen 500 und 1 000.

a) Sie ist die kleinste Zahl mit der Quersumme 21.
b) Sie ist die größte Zahl mit der Quersumme 21.
c) Sie ist die kleinste gerade Zahl mit der Quersumme 21.
d) Sie ist die größte gerade Zahl mit der Quersumme 21.
e) Wenn du sie halbierst und dann 100 addierst, erhältst du 500.
f) Wenn du 100 subtrahierst und das Ergebnis verdoppelst, erhältst du 1 000.

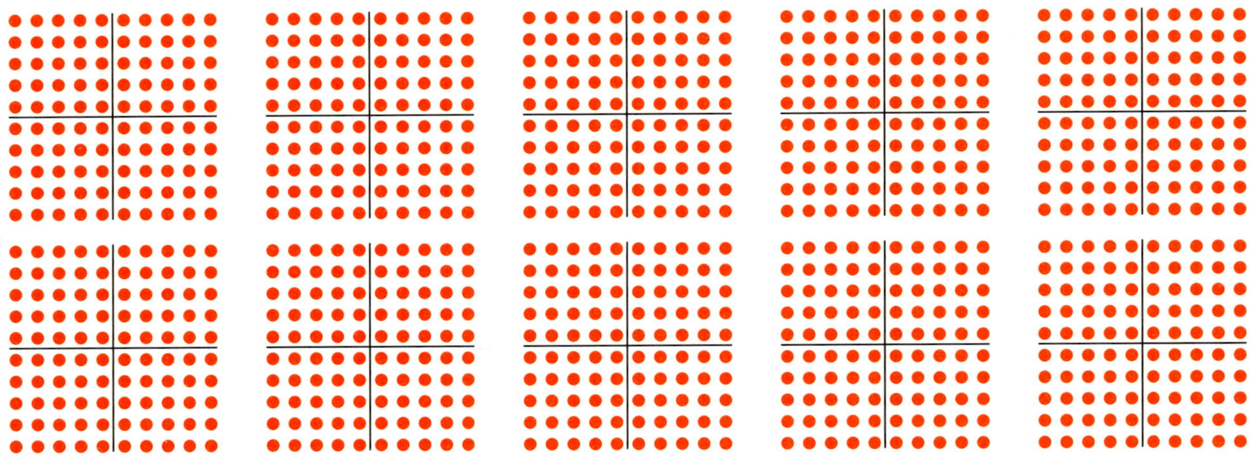

1 a) Zeige mit zwei Blättern so viele Punkte:
500 1 200 1 900 1 500 2 000 1 050 1 250

b) Einer nennt eine Zahl, der andere zeigt sie.

2 Erinnerst du dich an die Geheimschrift von Zahlix?

a)
b)
c)
d)

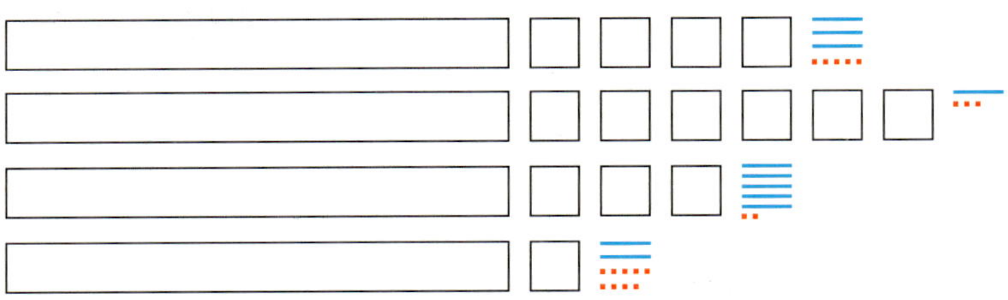

	T	H	Z	E					
a)	1	4	3	5	=	1	4	3	5

3 Setze die Zahlenfolge fort. Jede Zahlenfolge besteht aus zehn Zahlen. Wie heißt die Regel?

a) 900, 920, 940, …, 1 080
b) 1 500, 1 550, 1 600, …, 1 950
c) 2 000, 1 960, 1 920, …, 1 640
d) 1 250, 1 220, 1 190, …, 980
e) 850, 900, 930, 980, …, 1 220
f) 750, 850, 830, 930, …, 1 170

4 Lies deinem Partner die Aufgabe vor. Er schreibt das Ergebnis in die Stellentafel und nennt die Zahl. Nach jedem Päckchen wird gewechselt.

a) 1 000 + 300 + 40 + 5
1 000 + 200 + 70 + 6
2 000 + 200 + 20 + 2

	T	H	Z	E
a)	1	3	4	5

b) 1 000 + 40
1 000 + 300 + 2
1 000 + 6

c) 2 000 + 700
2 000 + 20
2 000 + 100 + 5

5 Lies die Zahl deinem Partner vor. Er schreibt sie auf und gibt auch den Vorgänger (V) und den Nachfolger (N) an. Wechselt nach jedem Päckchen.

a)	V	Zahl	N
	1 517	1 518	1 519

a) 1 518
1 679
1 560

b) 1 340
1 209
1 500

c) 1 999
1 100
1 321

d) 1 699
1 610
1 889

e) 1 700
1 899
1 010

f) 1 000
2 000
3 000

6

a) Wie viele Zahlen sind in dem Sack?

b) Wie viele gerade Zahlen sind in dem Sack? Wie viele ungerade?

c) Zahlen mit der Quersumme 5. Wie viele findest du?

d) Zahlen mit zwei Nullen. Wie viele findest du?

e) Zahlen mit der Quersumme 3. Ordne sie der Größe nach.

Weitere Übungen Seite 129

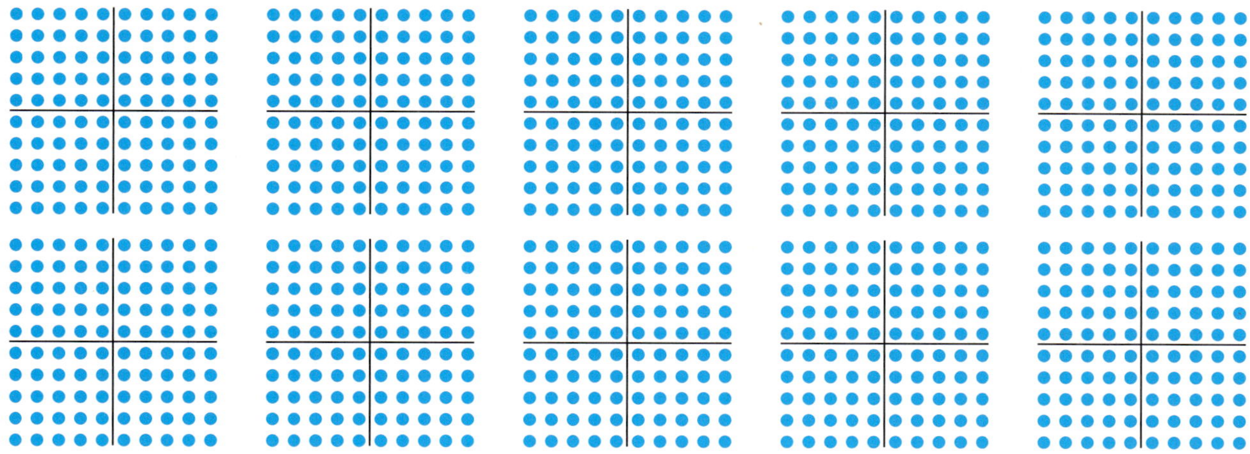

1 Wähle zwei Zahlen aus und vergleiche.

a) 9 9 0 < 1 0 0 2

a) <

1 020 210 ~~990~~ ~~1 002~~ 1 200 1 900 2 001 1 090

b) <

1 508 1 085 851 518 1 580 1 850 1 058 1 805

c) >

791 971 1 079 1 097 1 907 1 790 1 970 1 709

2 Denke beim Rechnen an die Blumen-Aufgabe.

a)

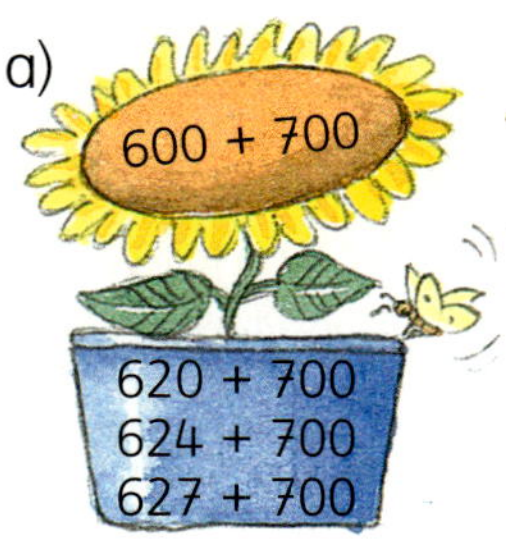

b)	c)	d)	e)
400 + 800	700 + 700	900 + 400	600 + 500
480 + 800	710 + 700	900 + 430	620 + 500
485 + 800	711 + 700	900 + 434	625 + 500

f)	g)	h)	i)
640 + 800	740 + 600	900 + 460	660 + 500
649 + 800	740 + 630	900 + 462	660 + 520
646 + 800	745 + 600	900 + 467	669 + 520

3 a)

b)
1 700 – 800
1 600 – 700
1 600 – 500
1 800 – 600
1 800 – 400
1 900 – 700

4 a)

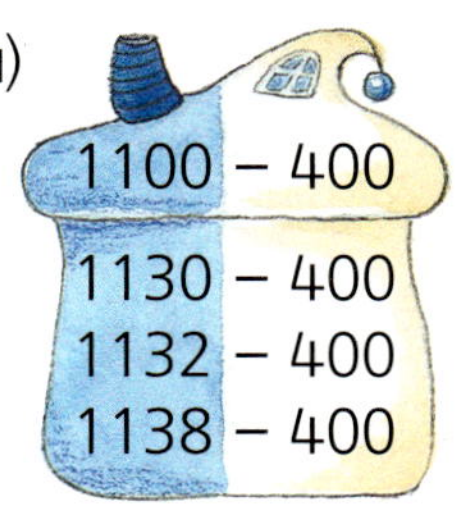

b)	c)	d)	e)
1 500 – 700	1 200 – 600	1 400 – 800	1 300 – 500
1 550 – 700	1 210 – 600	1 420 – 800	1 360 – 500
1 570 – 700	1 240 – 600	1 460 – 800	1 370 – 500

f)	g)	h)	i)
1 400 – 800	1 500 – 860	1 200 – 670	1 400 – 830
1 400 – 850	1 500 – 865	1 200 – 677	1 400 – 831
1 400 – 810	1 500 – 867	1 200 – 679	1 400 – 835

5 a) 1 000 | 1 500 | 2 000 (–) 7 | 70 | 700

b) 1 400 | 1 420 | 1 450 (–) 600 | 602 | 620

Weitere Übungen Seite 129

Zahlenstrahl bis 2000

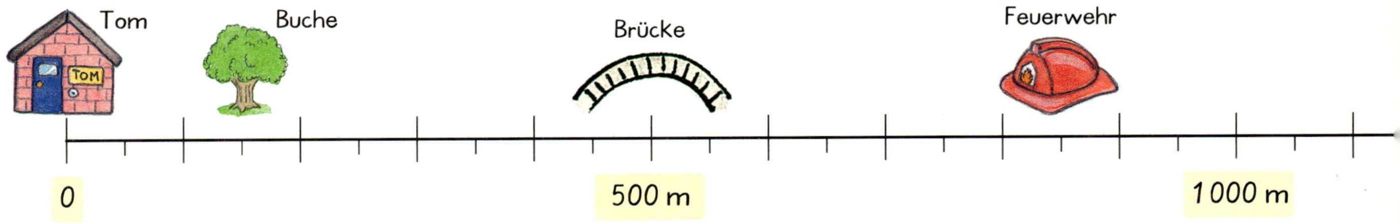

1 Wie weit ist es von Toms Haus bis dahin?
a) Brücke b) Buche c) Feuerwehr d) Fluss

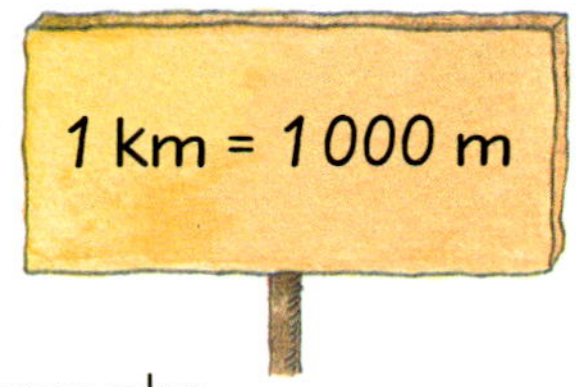

2 Wie weit ist es?
a) vom See zur Brücke
b) vom Fluss zur Feuerwehr
c) von der Brücke zum Schwimmbad
d) von der Buche zum See

3 a) Toms Vater ist Feuerwehrmann. Er geht immer zu Fuß zur Arbeit und wieder zurück.
b) Tom trainiert jeden Sonntag. Er läuft vom See zum Spielplatz und zurück.

4 Wie weit ist es hin und zurück?
a) von der Brücke zum Fluss
b) von der Feuerwehr zum Schwimmbad
c) vom Fluss zum See
d) von der Buche zum Fluss

5 Wie heißen die Nachbarhunderter?

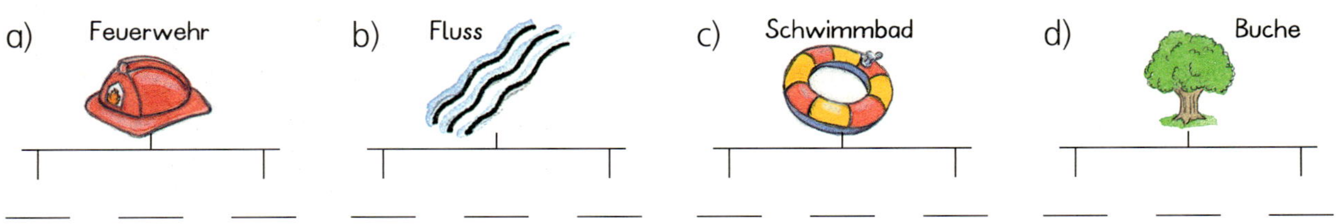

6 Wo stehen die Ballons?
Wie heißen die beiden Nachbarhunderter?
Schreibe wie im Beispiel.

A 740 + 60 = 800
740 − 40 = 700

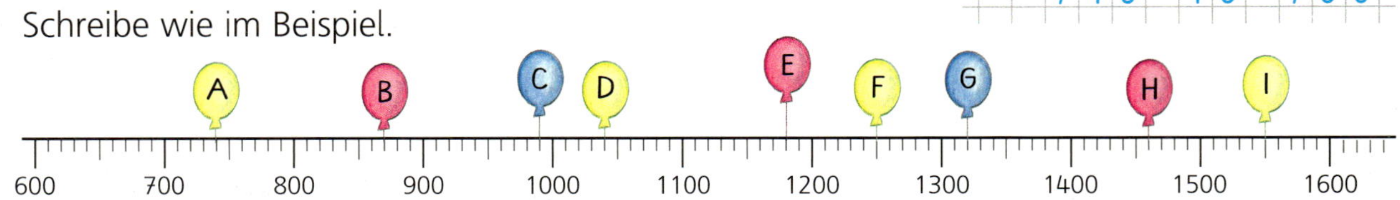

7

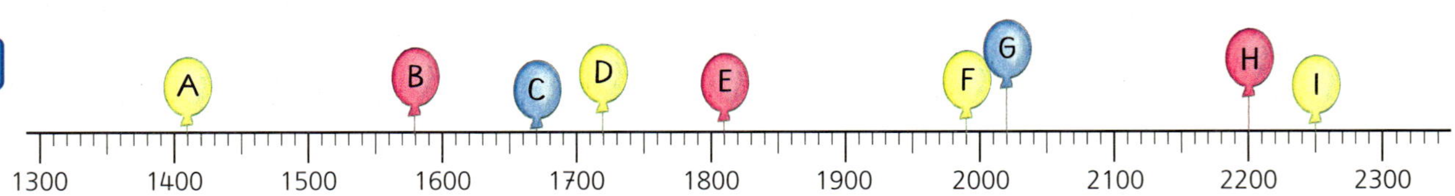

8 Schreibt fünf Zahlen zwischen 500 und 2000 untereinander auf.

NH	NZ	Zahl	NZ	NH
1200	1230	1237	1240	1300

a) Einer schreibt links und rechts die beiden Nachbarzehner (NZ) daneben und unterstreicht den Nachbarzehner blau, der am nächsten an der Zahl liegt.
b) Der andere schreibt dann links und rechts die beiden Nachbarhunderter (NH) auf und unterstreicht den Nachbarhunderter rot, der am nächsten an der Zahl liegt.

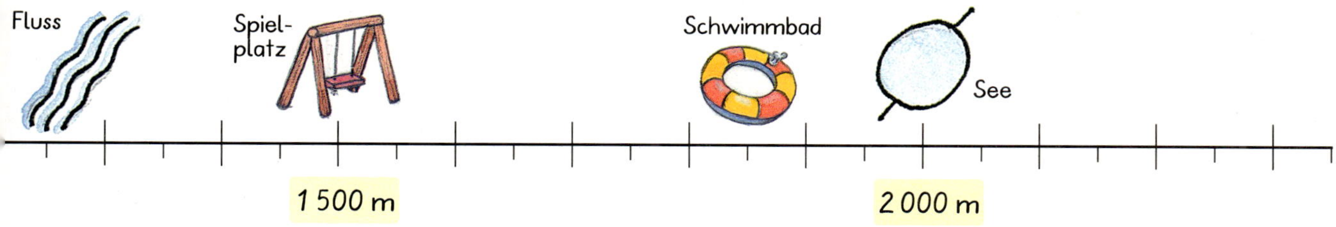

1 Die 1 000 unter der Lupe.

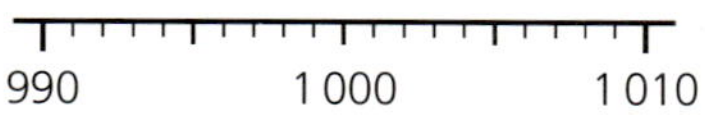

a) 996 + 4
998 + 8
991 + 12
995 + 11

b) 1 005 − 8
1 003 − 9
1 007 − 10
1 010 − 15

2 Nimm 2 000 unter die Lupe.

a) 1 993 + 8
1 998 + 5
1 994 + 9

b) 1 994 + 10
1 991 + 12
1 989 + 13

c) 2 001 − 4
2 005 − 8
2 007 − 9

d) 2 007 − 13
2 009 − 16
2 005 − 15

3 a) 820 + 360

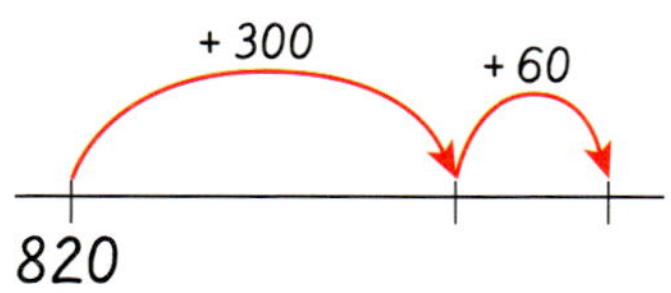

b) 630 + 440
740 + 530
560 + 610

c) 890 + 350
780 + 440
670 + 670

d) 640 + 1 030
280 + 1 050
550 + 1 080

1 070 1 170 1 220 1 240 1 270
1 330 1 340 1 520 1 630 1 670

4 a) 730 + 550
630 + 660
710 + 810
420 + 480

b) 860 + 650
670 + 470
780 + 520
340 + 880

c) 1050 + 280
1070 + 350
540 + 1 090
740 + 1 060

d) 1 180 + 720
1 250 + 470
630 + 1 370
750 + 1 450

900 1 140 1 220 1 280 1 290 1 300 1 330 1 420 1 510 1 520 1 630 1 720 1 800 1 900 2 000 2 100 2 200

5 a) 1 380 − 470

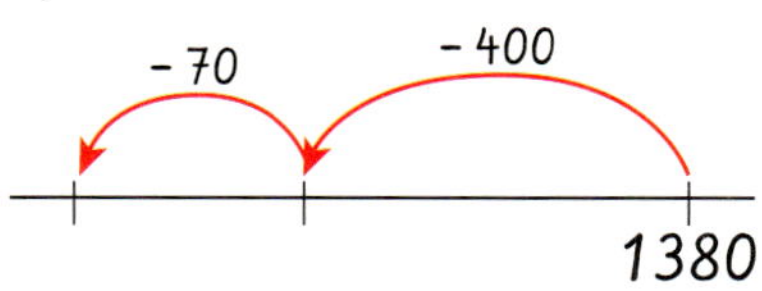

b) 1 270 − 450
1 190 − 540
1 460 − 710

c) 1 680 − 830
1 580 − 880
1 250 − 640

d) 1 290 − 1050
1 970 − 1020
1 520 − 1010

240 510 610 650 700
750 770 820 850 950

6 a) 2 000 − 1 020
2 000 − 1 060
2 000 − 850
2 000 − 730

b) 1 500 − 320
1 500 − 580
1 500 − 720
1 500 − 950

c) 1 700 − 840
1 200 − 530
1 400 − 750
1 300 − 920

d) 1 100 − 980
1 070 − 970
1 030 − 960
1 060 − 930

e) 1 500 − 1 430
1 300 − 1 150
2 000 − 1 790
1 820 − 1 770

50 70 70 100 120 130 150 210 380 550 650
670 780 860 880 920 940 980 1 150 1 180 1 270

7

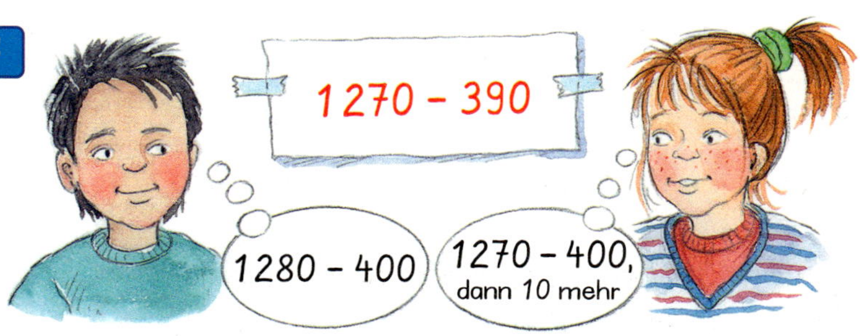

a) 1 570 − 890
1 240 − 490
1 150 − 690

b) 1 060 − 290
1 140 − 590
1 530 − 790

c) 1 720 − 190
2 000 − 480
1 850 − 580

d) 1 570 − 1 520
1 840 − 1 760
1 350 − 1 180

50 80 170 460 550 680 740
750 770 870 1 270 1 520 1 530

Weitere Übungen Seite 129

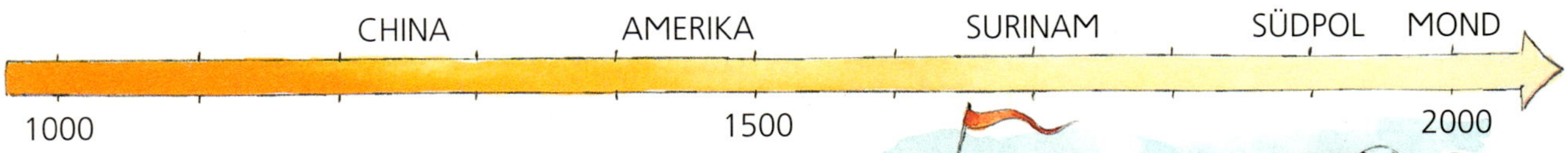

In welchem Jahr war es genau?

1 Marco Polo reist nach China.

a) 750 + 600
750 + 650
750 + 655

b) 850 + 800
850 + 820
850 + 826

c) 1300 − 500
1300 − 550
1300 − 555

d) 1100 − 600
1100 − 690
1100 − 699

Subtrahiere das kleinste Ergebnis vom größten. Das ist die Jahreszahl.

2 Christoph Kolumbus entdeckt Amerika.

a) 750 + 800
750 + 80
750 + 8

b) 892 + 600
892 + 60
892 + 6

c) 1400 − 500
1400 − 50
1400 − 5

d) 2001 − 700
2001 − 70
2001 − 7

Welches Ergebnis liegt am nächsten bei 1500? Das ist die Jahreszahl.

3 Die Malerin Maria Sibylla Merian reist nach Surinam in Südamerika, um dort Insekten zu erforschen und zu malen.

a)

+ 80 →	
480	
486	
481	

b)

+ 800 →	
800	
880	
882	

c)

− 60 →	
330	
333	
337	

d)

− 600 →	
800	
1800	
1880	

Addiere 8 zu dem größten Ergebnis. Das ist die Jahreszahl.

4 Roald Amundsen ist als erster Mensch am Südpol.

a) 810 + 23
960 + 41
1100 + 11

b) 1560 + 106
1750 + 109
1680 + 108

c) 1400 − 39
1900 − 29
1980 − 69

d) 1050 − 101
1040 − 102
1080 − 103

Welches Ergebnis liegt am nächsten bei 1900? Das ist die Jahreszahl.

5 Neil Armstrong betritt als erster Mensch den Mond.

a) 1000 − 317
1000 − 713
1000 − 173

b) 2000 − 387
2000 − 619
2000 − 738

c) 1407 − 379
1470 − 379
1047 − 379

d) 2001 − 418
2010 − 418
2100 − 418

Addiere das kleinste und das größte Ergebnis. Das ist die Jahreszahl.

Erfindungen

Vor ungefähr 200 Jahren wurde das Fahrrad erfunden. Das Radfahren war noch sehr unbequem, aber man konnte sich schneller als ein Fußgänger fortbewegen.

Heute ist das Fahrrad viel komfortabler als früher. Es ist umweltfreundlich und stößt keine giftigen Abgase aus.
Wichtig ist, dass das Fahrrad verkehrssicher ist.

A

Laufrad 1817

B
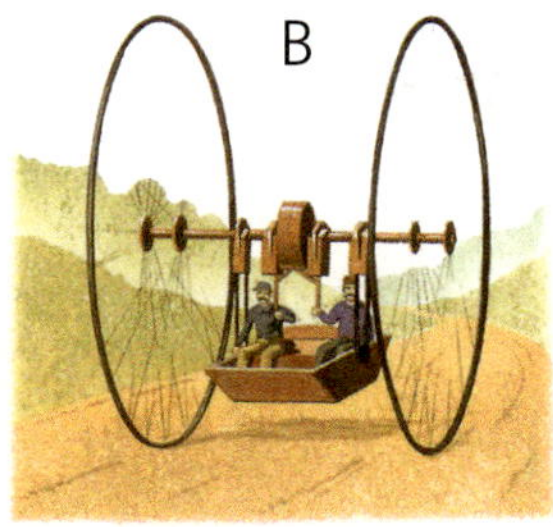
Schaukelrad 1887

C

Riesendreirad 1896

D

Hochrad 1870

E
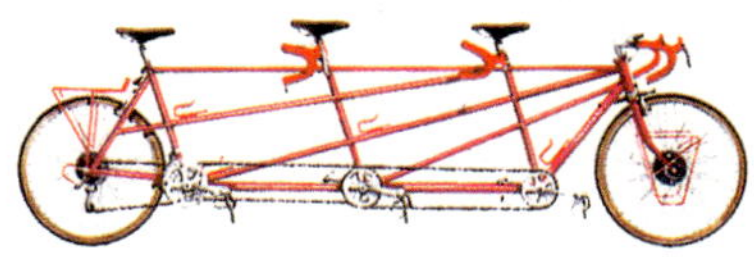
Dreiertandem 1989

F

Rad mit Kettenantrieb 1895

1 Zeichne einen Zeitstrahl in dein Heft (für 10 Jahre 2 Kästchen). Trage die Erfindungen ein.

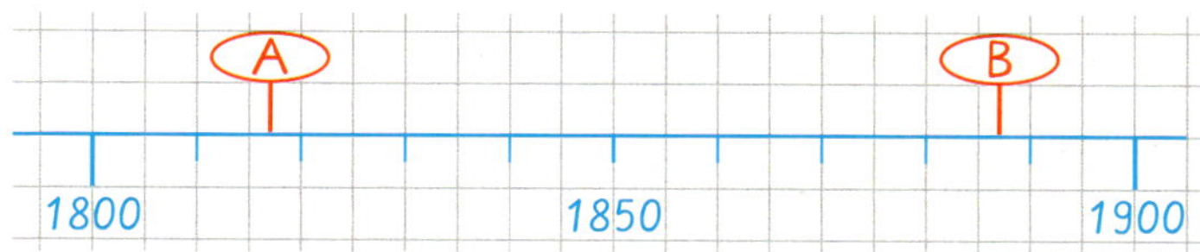

2 Wie viele Jahre sind seit den Erfindungen vergangen?

Laufrad vor ____ Jahren

3 Schreibe Sätze zu den Erfindungen. Hier sind Beispiele.

Das Rad mit Kettenantrieb wurde ____ Jahre später als das Hochrad erfunden.

Schon ____ Jahre früher als das Hochrad gab es Laufräder.

Zwischen der Erfindung des Riesendreirades und des Dreiertandems liegen ____ Jahre.

4 Geschichten vom Hören und Sehen

Kartei

Schon 1445 druckte Johannes Gutenberg das erste Buch mit beweglichen Lettern.
Das erste Telefon wurde 1861 von Johann Philipp Reis gebaut.
Sechzehn Jahre später erfand Thomas Alva Edison das Grammofon, den ersten Schallplattenspieler.
1839 gab es das erste Foto. 78 Jahre danach hörten die Menschen die erste Radiosendung in Deutschland. Dann dauerte es noch neun Jahre bis zum ersten Tonfilm.
13 Jahre nach der ersten Radiosendung gab es die erste Fernsehsendung.
Der erste Computer wurde 1946 gebaut. 35 Jahre später gab es den ersten CD-Player.

a) Findest du zu jeder Erfindung die Jahreszahl?

b) Zeichne einen Zeitstrahl von 1800 bis 2000 (für 10 Jahre 2 Kästchen).
Du brauchst zwei Seiten.
Trage die Erfindungen in dieser Zeit ein.

c) Was gab es vor 50 Jahren noch nicht?
Was gab es vor 100 Jahren noch nicht?

Erweiterung des Zahlenraums

1 Kartei

Miss deinen Pulsschlag 15 Sekunden lang.
Wie oft schlägt dein Herz in einer Minute?

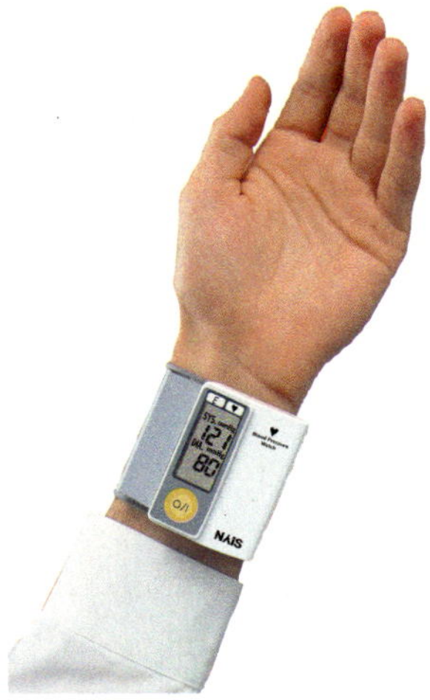

2 Mache zwanzig Kniebeugen.
Wie oft schlägt dein Herz jetzt in einer Minute?

1 Minute = 60 Sekunden
1 Stunde = 60 Minuten
1 Tag = 24 Stunden

Unser Herz

3

Das Herz ist der Motor unseres Körpers. Es pumpt das Blut regelmäßig hindurch. Das Herz eines Kindes schlägt etwa 100mal pro Minute, bei Erwachsenen schlägt es etwa 60mal pro Minute.

a) Wie oft schlägt das Herz eines Kindes etwa am Tag.
Beachte:
1 Tag = 24 Stunden

Zeit	Herzschläge
1 Minute	100
10 Minuten	1000
1 Stunde	6000
10 Stunden	60000
20 Stunden	120 000
4 Stunden	24 000
1 Tag	144000

b) Während eines siebzigjährigen Lebens schlägt das Herz über 2 500 000 000 mal.

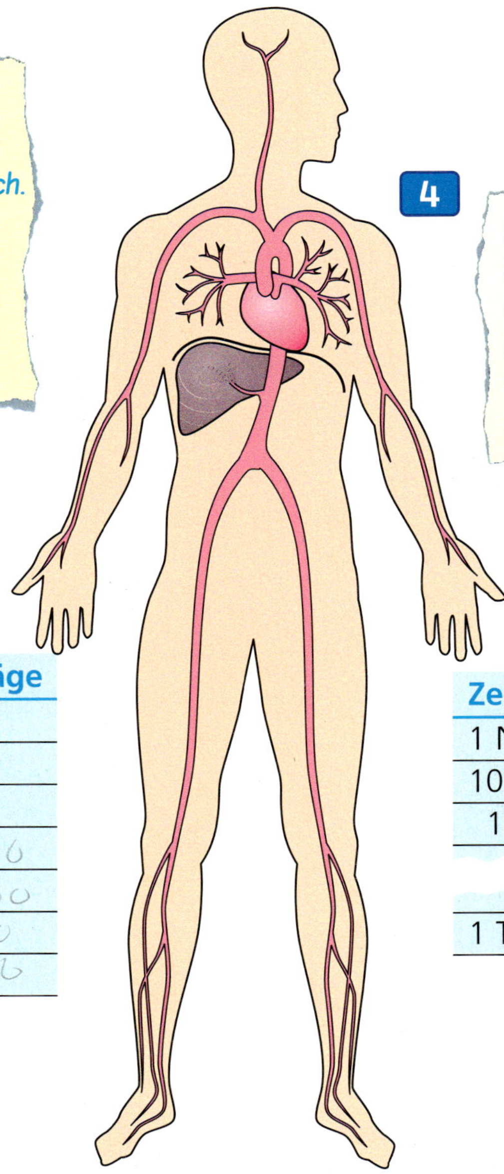

4

Ein Mensch hat etwa 5 Liter Blut in seinem Körper. Das Herz pumpt das Blut durch die Adern, sogar bis in die Zehenspitzen. Wir merken das als Pulsschlag.

a) Das Herz arbeitet wie eine Pumpe, die pro Minute 5 Liter Blut pumpen kann.

Zeit	Blutmenge
1 Minute	5 Liter
10 Minuten	Liter
1 Stunde	
1 Tag	Liter

b) Während eines siebzigjährigen Lebens transportiert eine solche Pumpe etwa 152 000 000 Liter.

1 Zeige: 3 500 9 800 4 300 6 001 9 001 5 010 8 010

2 Trage in die Stellentafel ein.
Kreise die größte Zahl rot ein.
Kreise die kleinste Zahl grün ein.

a) 7 ZT + 3 H + 6 Z + 4 E
4 ZT + 3 T + 2 Z + 5 E
9 ZT + 5 T + 3 H + 8 E

a) HT	ZT	T	H	Z	E
	7	0	3	6	4

b) 2 ZT + 4 T + 6 Z + 2 E
8 ZT + 3 T + 4 H + 3 Z
5 ZT + 4 T + 3 H + 1 E

c) 3 HT + 4 ZT + 2 H + 3 Z + 4 E
6 HT + 5 T + 7 H + 9 Z + 8 E
6 HT + 2 ZT + 3 T + 8 H + 2 E

d) 3 HT + 4 T + 2 Z + 3 E
2 ZT + 3 T + 4 H + 2 E
8 HT + 2 ZT + 3 Z + 4 E

3 Lies deinem Partner die Aufgabe vor.
Er schreibt das Ergebnis in die Stellentafel und nennt die Zahl.
Nach jedem Päckchen wird gewechselt.

a) HT	ZT	T	H	Z	E
	5	3	7	4	6

a) 50 000 + 3 000 + 700 + 40 + 6
80 000 + 5 000 + 400 + 60 + 5

b) 200 000 + 40 000 + 600 + 40 + 4
700 000 + 8 000 + 700 + 30 + 2

c) 300 000 + 2 000 + 800 + 20 + 2
400 000 + 30 000 + 4 000 + 600 + 3

d) 500 000 + 60 000 + 4 000 + 600 + 5
700 000 + 30 000 + 6 000 + 70 + 3

4 Trage in die Stellentafel ein.
93 107 93 175 110 927 143 714 280 047 574 003 642 374

5 Nun umgekehrt.
Zerlege wie im Beispiel.

a) 24 368 = 20 000 + 4 000 + 300 + 60 + 8

a) 24 368
95 647

b) 324 506
845 702

c) 805 735
203 622

d) 320 460
540 320

e) 400 060
300 005

Weitere Übungen Seite 130

1 a) Lege aus den Ziffernkärtchen vierstellige Zahlen und schreibe sie auf. Finde möglichst viele.
b) Welche von deinen Zahlen ist die größte? Unterstreiche sie rot. Welche ist die kleinste? Unterstreiche sie grün.

1 6 3 9

2 Lege sechs Zahlen. Benutze jedesmal alle Ziffernkärtchen. Unterstreiche die größte Zahl rot, die kleinste grün.

a) 2 7 0 4
b) 1 9 6 3 2
c) 5 0 2 3 8 4

3 a) Wählt vier verschiedene Ziffernkärtchen. Legt daraus eine Zahl, die möglichst nahe bei 5 000 ist.
b) Wählt fünf verschiedene Ziffernkärtchen. Legt daraus eine Zahl, die möglichst nahe bei 50 000 ist.

4 Nehmt drei Ziffernkärtchen mit der Null und noch diese Ziffernkärtchen dazu. Wie viele verschiedene Zahlen könnt ihr damit legen? Benutzt immer alle Kärtchen. Die Null darf nicht vorne stehen. Schreibt die Zahlen auf und lest sie laut.

0 0 0
a) 7 2
b) 5 5
c) 4 4 4
d) 3 9 3

5

a) Wie viele Zahlen sind es?

b) Wie viele gerade Zahlen sind in dem Sack? Wie viele ungerade?

c) Wie heißt die kleinste ungerade Zahl? Wie heißt die größte?

d) Gerade Zahlen mit der Quersumme 5. Wie viele findest du?

6 Suche die Zahl
a) mit dem größten Einer,
b) mit dem kleinsten Einer,
c) mit dem größten Hunderter,
d) mit dem kleinsten Hunderter,
e) mit dem größten Tausender,
f) mit dem kleinsten Tausender.

7 a) Wie heißt die größte Zahl? b) Wie heißt die kleinste Zahl?
c) Schreibe alle Zahlen der Größe nach auf. Beginne mit der größten.

8 Welche Zahlen sind es?

13 H = 1 T + 3 H = 1300

a) 13 H	b) 24 Z	c) 35 T	d) 47 ZT	e) 48 H	f) 35 HT
24 H	48 Z	28 T	16 ZT	47 T	23 HT

9 Aufgepasst!

a) 2 H + 16 Z	b) 4 T + 23 H	c) 5 ZT + 16 T	d) 7 T + 68 H	e) 9 ZT + 23 T
3 H + 24 Z	6 T + 38 H	7 ZT + 23 T	6 T + 43 H	6 ZT + 47 T
5 H + 36 Z	5 T + 47 H	4 ZT + 44 T	9 T + 54 H	5 ZT + 55 T

1 Lies das Zahlwort deiner Partnerin vor, sie schreibt die Zahl auf.

a) fünfhunderttausend
siebenhunderttausend
zwölftausend
dreißigtausend
einhunderttausend
neunhunderttausend
fünfzehntausend

b) dreitausendfünfhundert
fünftausendzehn
zweihundertdreiundneunzigtausend
sechzigtausendelf
vierundvierzigtausendfünfhundertacht
sechshundertzwanzigtausendvierhundertvier
neunhundertzwölftausendeinhundert

2 Schreibe als Zahlwort.

a) 8 000 b) 30 001 c) 400 000 d) 55 700 d) 111 111

3 So heißen große Zahlen in anderen Sprachen.

	Englisch	Italienisch	Französisch

1 000	one thousand	mille	mille
2 000	two thousand	due mille	deux mille
3 500	three thousand five hundred	tre mille cinque cento	trois mille cinq cent
12 000	twelve thousand	dodici mille	douze mille
15 010	fifteen thousand ten	quindici mille dieci	quince mille dix
500 000	five hundred thousand	cinque cento mille	cinq cent mille

Kannst du die Zahlen lesen?

4 Findest du die Zahlen?

a) Meine Zahl ist größer als 20 000 und kleiner als 25 000. An der Hunderterstelle hat sie eine 5.

b) Meine Zahl liegt zwischen 21 000 und 31 000. Die Hunderterstelle ist um 2 größer als die Einerstelle.

c) Meine Zahl ist größer als 25 000. Sie hat einen Tausender weniger als Zehntausender und einen Hunderter weniger als Tausender.

d) Meine Zahl ist kleiner als 25 000. Sie hat doppelt so viele Zehner wie Einer und doppelt so viele Hunderter wie Zehner.

5 Bilde aus den Ziffern 2, 5 und 6 eine fünfstellige Zahl, die du vorwärts und rückwärts gleichermaßen lesen kannst. Beispiel: 25 652. Wie viele findest du? Schreibe sie als Zahlwort.

6 Bilde aus den Ziffern 1, 4 und 7 sechsstellige Zahlen, die du vorwärts und rückwärts gleichermaßen lesen kannst. Schreibe sie auch als Zahlwort.

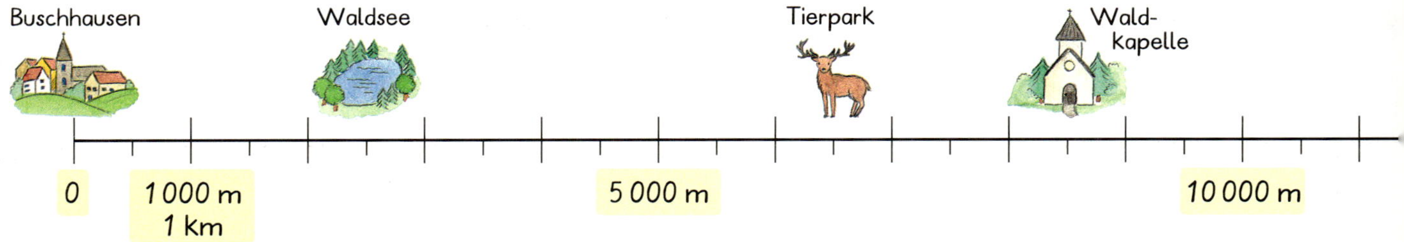

1 Anna wohnt in Buschhausen, ihre Freundin Nora in Weinstadt. Am Samstag besucht Anna ihre Freundin mit dem Fahrrad. Am Sonntag fährt sie wieder zurück.

2 In den Ferien geht Anna mit ihren Eltern bis zur Waldkapelle.

3 Annas Bruder Daniel joggt jeden Abend zum Waldsee und zurück. Wie weit läuft Daniel jeden Tag? Wie weit jede Woche?

4 Am Sonntag parkt die Familie das Auto am Waldsee. Dann machen sie einen Spaziergang zum Tierpark.

5 Daniel sagt: „Von zu Hause bis zum Tierpark sind es 6,5 km." Wie weit ist es hin und zurück?

6 Am Wochenende treffen sich Anna und Nora im Freizeitpark. Wie weit muss Anna fahren? Wie weit Nora?

7 In den Ferien treffen sich fünf Mädchen um 15 Uhr im Freizeitpark.

8 Anna ruft bei Nora an: „Wir treffen uns morgen genau in der Mitte." Wo ist das? Wie weit muss jeder fahren?

9 Am Sonntag macht Noras Vater mit dem Hund einen Spaziergang bis zur alten Eiche.

10 Noras Vater arbeitet in der Fabrik. Er fährt von Montag bis Freitag mit dem Fahrrad zur Arbeit. Wie viel Kilometer fährt er in einer Woche? In einem Monat?

11 Wie heißen die Nachbartausender?

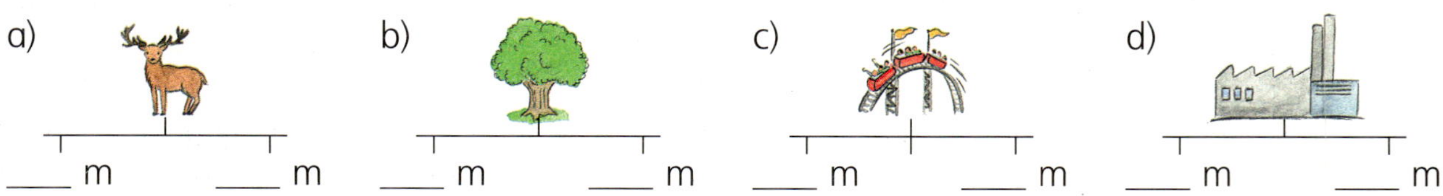

12 Wie viel Meter sind es? Schreibe so: 5 km = 5000 m.

a) 5 km 13 km 20 km 100 km b) 7,5 km 10,2 km 20,8 km 22,5 km

13 Nun umgekehrt. Schreibe als Kilometer.

a) 9000 m 15000 m 30000 m b) 1500 m 1600 m 1200 m 2100 m

14 Wie viel Meter sind es?

a) 500 m weniger als 3 km b) 300 m weniger als 5 km c) 400 m weniger als 10 km

Eine Aufgabe ist eine „Kapitänsaufgabe" (= diese Aufgabe kann mit den gegebenen Informationen nicht gelöst werden)

Zahlenstrahl bis 20 000

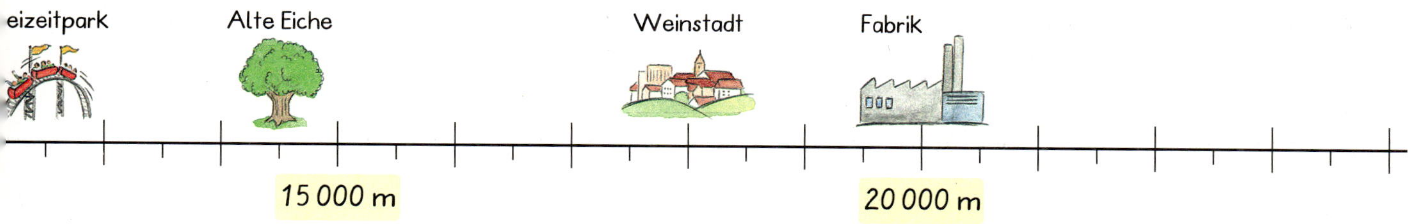

1 Wo stehen die Ballons?

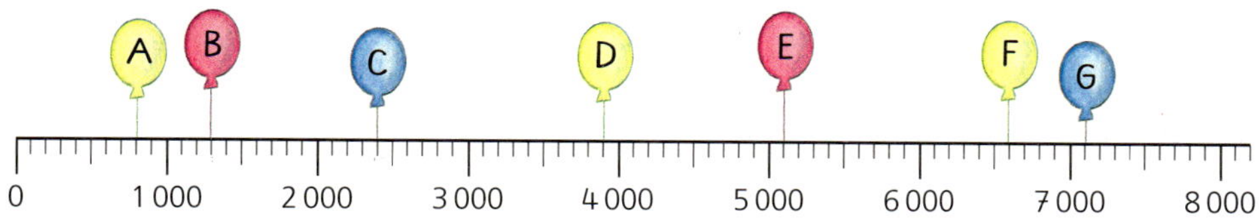

A = 800
B =

2 Wo stehen die Ballons?
Wie heißen die Nachbartausender?
Schreibe wie im Beispiel.

A 1 200 + 800 = 2 000
1 200 − 200 = 1 000

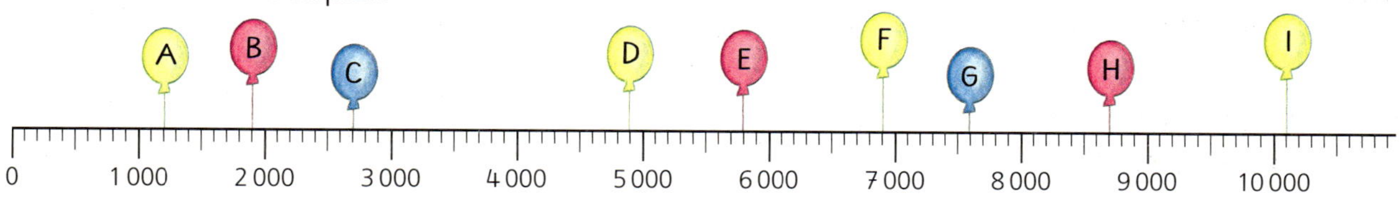

3 Wie heißen die Nachbartausender? Schreibe wie in Aufgabe 2.

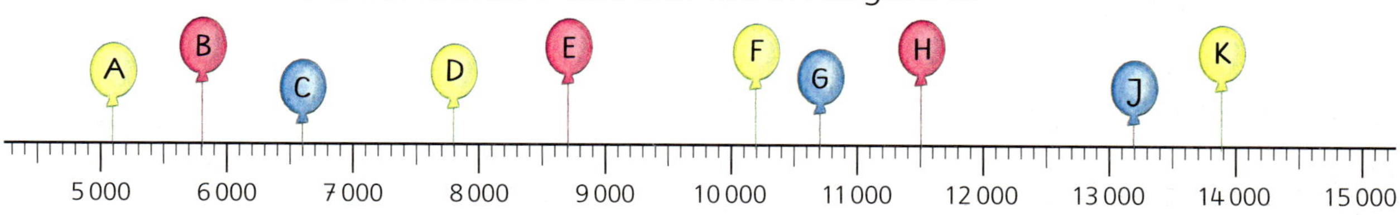

4 Wo stehen die Ballons? Wie heißen die Nachbartausender?

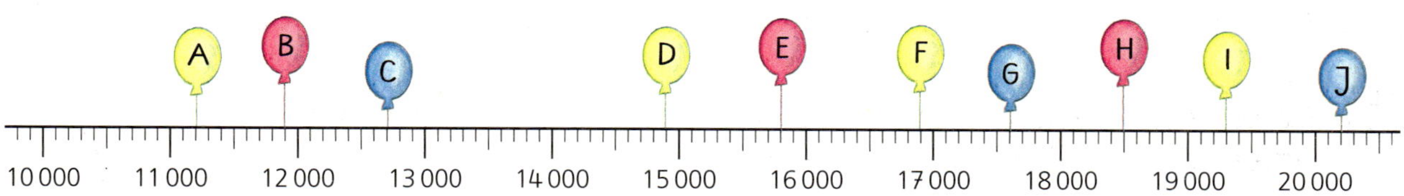

5 Lies die Zahl deinem Partner vor. Er schreibt sie auf und gibt auch den Vorgänger und den Nachfolger an. Wechselt nach jedem Päckchen.

Vorgänger	Zahl	Nachfolger
13 099	13 100	13 101

a)	b)	c)	d)	e)	f)
13 100	14 099	15 000	17 010	19 990	10 101
10 000	13 999	9 099	8 009	12 999	3 210
5 900	6 000	10 999	13 050	7 075	15 151

6 Immer abwechselnd: Einer sagt eine Zahl, der andere schreibt sie auf und schreibt den Vorgänger und den Nachfolger dazu wie in Aufgabe 5.

7 Wie heißt die Zahl?

a) Sie ist um 1000 größer als 9 370.

b) Sie liegt in der Mitte zwischen 8 000 und 16 000.

c) Sie ist um 2 500 kleiner als 17 000.

d) Sie liegt in der Mitte zwischen 13 000 und 16 000.

Weitere Übungen Seite 130

1 Eine Million Rechenkästchen ausmalen. Wie lange würde Zahline dafür brauchen?

a)

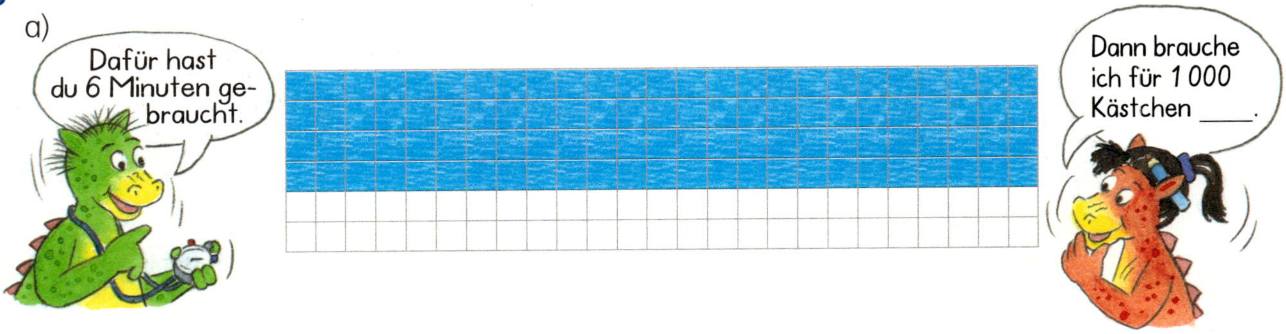

b)

c)

Kästchen	Zeit
100	6 Minuten
	1 Stunde
	5 Stunden
	1 Schulwoche
	4 Schulwochen
1 000 000	

2 a) Auf eine Seite eines kleinen Rechenheftes passen 1 000 Kästchen. Prüfe nach, wie viele Seiten ein kleines Rechenheft hat. Wie viele Kästchen sind das?

b) Eine Million Kästchen: Wie viele Hefte sind das?

3

Bilde eine Kette aus 10 Büroklammern. Miss die Länge der Kette.
Knüpfe deine Kette mit den Ketten anderer Kinder zusammen. Miss und rechne.

Klammern	10	100	1 000	10 000	100 000	1 000 000
Länge						

4 Zwei Büroklammern wiegen etwa 1 Gramm.

a)

Klammern	2	10				2 000	4 000
Gewicht	1 g		10 g	100 g	500 g		

b) Was ist so schwer wie 2 000 Klammern: Ein Päckchen Butter, eine Tüte Mehl?

c) Was ist so schwer wie 400 000 Klammern: Ein Kind, drei Erwachsene, ein Elefant?

d) Was ist schwerer: Eine Million Büroklammern oder alle Kinder deiner Klasse zusammen? Schätze und rechne.

5 Das Millionen-Haus.
Findest du zehn Aufgaben?

1 000 000
2 · 500 000
700 000 + 300 000

6 Das Ergebnis soll 1 Million sein.

a) 10 · ____
100 · ____
1 000 · ____

b) 5 · ____
50 · ____

7 Kannst du diese Zahlen schreiben?

eine halbe Million

eine viertel Million

eineinhalb Millionen

1

2 Kannst du wie Zahlix, der Ägypter, schreiben?

a) 27
b) 145
c) 12 421
d) 4 311
e) 999
f) 9 999

3 Die alten Ägypter kannten kein Zeichen für die Null. Wie haben sie diese Zahlen geschrieben?

a) 50
b) 1 200
c) 106
d) 3 002
e) 10 020

4 Wie viele Zahlzeichen brauchst du, um diese Zahlen auf ägyptisch zu schreiben?

a) 18 b) 77 c) 99 d) 100 e) 1 771 f) 12 000 g) 9 909

5 Wenn die ägyptischen Schreiber nicht ordentlich hintereinander schrieben, war das nicht so schlimm. Wie heißen die Zahlen?

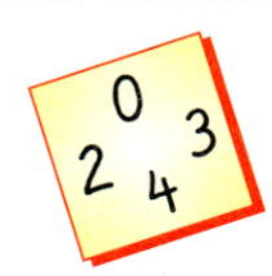

6 So rechnet und schreibt Zahlix 42 · 10.

7 Schreibe das Zehnfache wie Zahlix. Dann schreibe auch die Mal-Aufgabe.

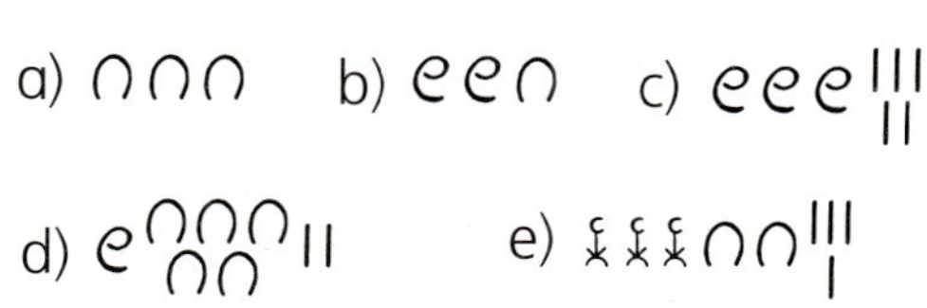

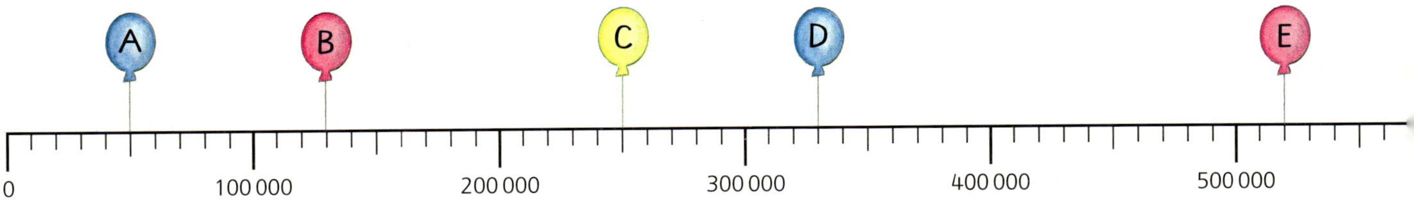

1 Wo stehen die Ballons? Schreibe auf: A = 50 000 B = ____________

2 Wie weit ist es von den Ballons bis 1 000 000? Zeige am Zahlenstrahl.
Schreibe auf: A) 50 000 + ________ = 1 000 000

3 Welche Zahl liegt genau in der Mitte? Sieh am Zahlenstrahl nach und schreibe auf:
a) Zwischen B und D, b) zwischen A und C, c) zwischen A und F,
d) Zwischen A und B, e) zwischen B und C, f) zwischen C und D.

4 Zeige die Zahlen am Zahlenstrahl.
a) 150 000 b) 300 000 c) 450 000 d) 650 000 e) 870 000 f) 1 000 000
g) fünfhunderttausend h) dreihundertfünfzigtausend i) siebenhunderttausend
j) achthunderttausend k) siebenhundertfünfzigtausend l) neunhunderttausend

5 Lies deinem Partner die Aufgabe vor. Er schreibt das Ergebnis in die Stellentafel und nennt die Zahl. Nach jedem Päckchen wird gewechselt.

a) 4 ZT + 2 T + 4 Z
3 HT + 5 ZT + 7 E
9 HT + 9 ZT + 9 T

b) 1 M + 1 E
1 HT + 4 ZT + 8 H
1 M + 1 HT + 3 Z

	M	HT	ZT	T	H	Z	E
a)			4	2	0	4	0

6 100 000 unter der Lupe

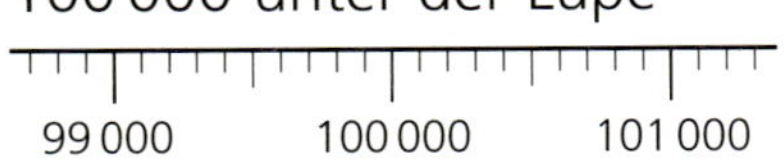

a) 99 500 + 1 000
99 900 + 200
99 700 + 500

b) 100 000 − 1 300
101 000 − 1 100
100 100 − 1 000

c) 100 400 − 500
100 500 − 900
100 300 − 700

7 Wähle zwei Zahlen aus und vergleiche.

a)

b)

c)

8 Schreibe zu jeder Zahl den Vorgänger (V) und den Nachfolger (N) auf.

a) 250 000
500 000
830 000

b) 560 000
506 000
500 600

c) 450 000
45 000
4 500

V	Zahl	N
249 999	250 000	250 001

9 Immer abwechselnd: Einer sagt eine Zahl, die andere schreibt sie auf und schreibt den Vorgänger und den Nachfolger dazu wie in Aufgabe 8.

Weitere Übungen Seite 131

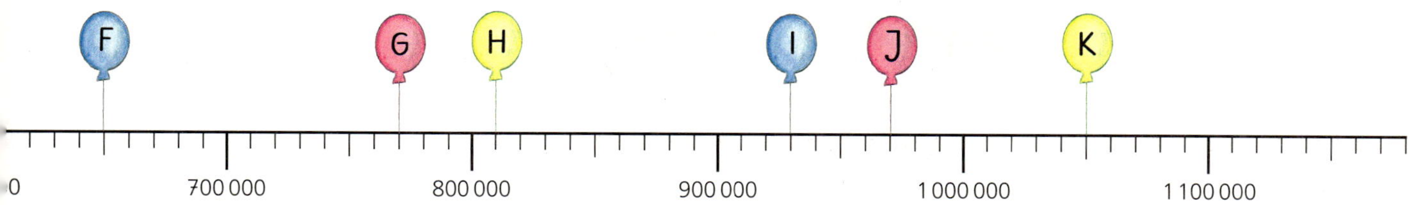

1 Wo stehen die Ballons?
Wie heißen die Nachbartausender?
Schreibe wie im Beispiel.

A) 159 100 + 900 = 160 000
159 100 − 100 = 159 000

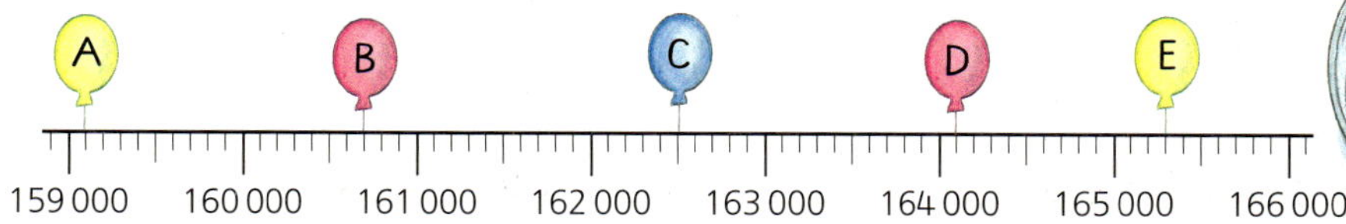

2

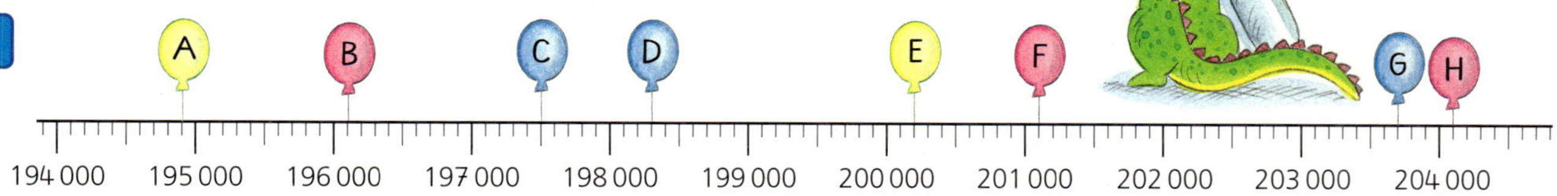

3

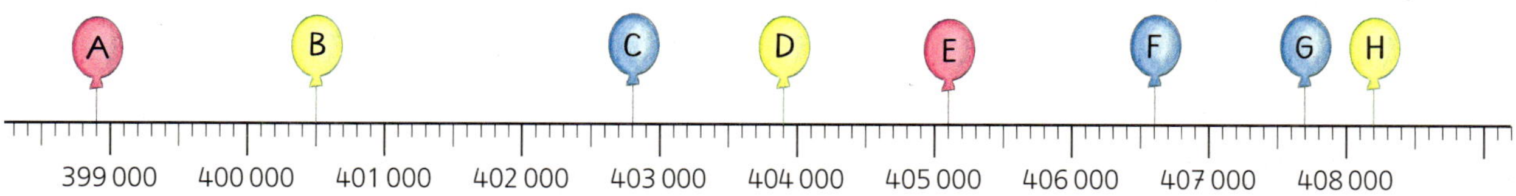

4

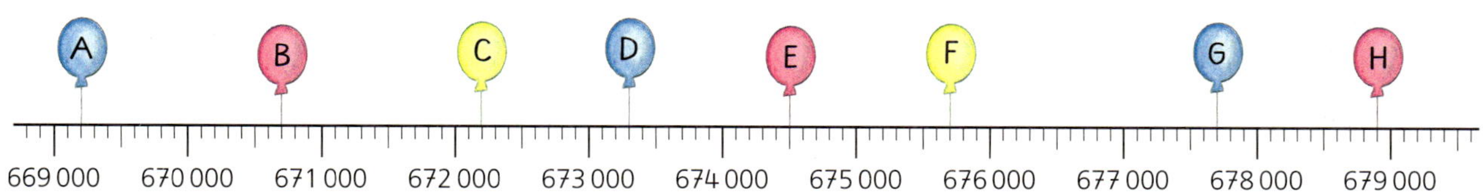

5 Schreibt eine Zahl zwischen 200 000 und 700 000 auf.

Nachbar-HT	Nachbar-ZT	Zahl	Nachbar-ZT	Nachbar-HT
300 000	370 000	374 659	380 000	400 000

a) Ein Kind schreibt links und rechts die Nachbarzehntausender daneben und unterstreicht den Zehntausender blau, der am nächsten an der Zahl liegt.

b) Das andere Kind schreibt dann links und rechts die Nachbarhunderttausender daneben und unterstreicht den Hunderttausender rot, der am nächsten an der Zahl liegt.

6 a) Schreibt eine Zahl zwischen 200 000 und 800 000 auf. Dann schreibt erst die Nachbarzehntausender, dann die Nachbarhunderttausender daneben. Unterstreicht wie in Aufgabe 5.

b) Schreibt eine Zahl zwischen 500 000 und 600 000 auf. Dann verfahrt ebenso.

7 Welche Zahl kann es sein? Es gibt viele Möglichkeiten. Schreibe immer fünf Beispiele auf.

a) Ihr nächstgelegener Tausender ist 36 000.

b) Ihr nächstgelegener Zehntausender ist 470 000.

c) Ihr nächstgelegener Hunderter ist 12 400.

d) Ihr nächstgelegener Zehntausender ist 200 000.

Weitere Übungen Seite 131

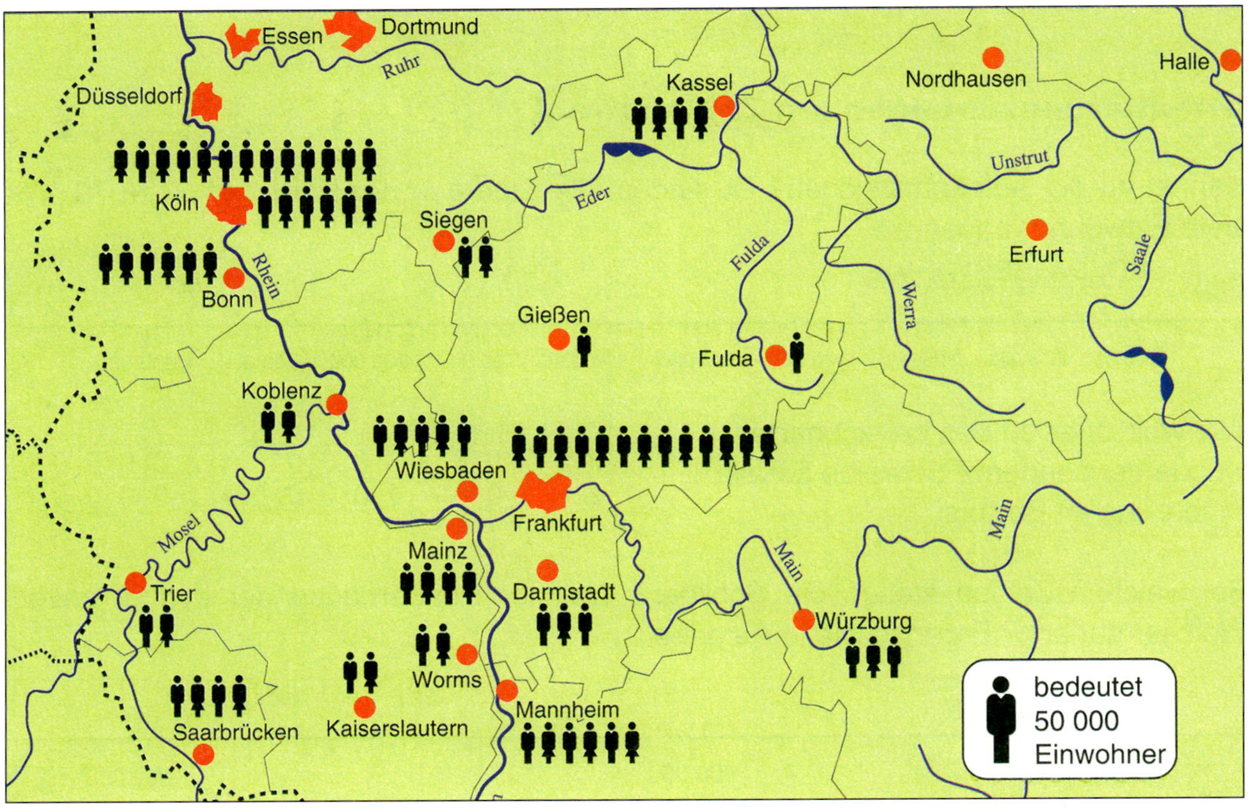

1 Wie viele Einwohner haben die Städte ungefähr?

a) Trier b) Bonn c) Kassel d) Mainz e) Wiesbaden

2 a) Welche Stadt in der Karte hat die meisten Einwohner?

b) Welche Stadt in der Karte hat die wenigsten Einwohner?

3 Welche Stadt kann es sein?

a) Sie hat ungefähr doppelt so viele Einwohner wie Koblenz.

b) Sie hat ungefähr halb so viele Einwohner wie Bonn.

c) Sie hat ungefähr dreimal so viele Einwohner wie Koblenz.

4 Welche Stadt kann es sein?

a) Sie hat ungefähr so viele Einwohner wie Saarbrücken und Worms zusammen.

b) Sie hat ungefähr so viele Einwohner wie Kassel, Darmstadt und Bonn zusammen.

5 a) Welche Stadt hat ungefähr eine halbe Million Einwohner?

b) Welche Stadt hat ungefähr eine Viertelmillion Einwohner?

6 Kann das sein?

Kartei

7 Welche Städte haben nach der Karte gleich viele Einwohner? Prüfe nach im Internet.

1 a) Wie viele Einwohner könnten die Orte genau haben? Gib jeweils zwei Beispiele an.
b) Wie viele Einwohner hat dein Ort? Welche Zahl merkst du dir?

2 Stefan kann sich die genauen Einwohnerzahlen nicht merken. Darum rundet er sie. Schreibe wie im Beispiel.

Korbach 23490 ≈ 20000 (rund)

Korbach	23 490	Ludwigshafen	162 458	Marburg	77 556
Kassel	194 748	Darmstadt	138 447	Neuwied	67 012
Pirmasens	44 822	Bad Hersfeld	29 790	Boppard	16 424

3 Runde auf Tausender. Schreibe so: 53287 ≈ 53000

a)	b)	c)
53 287	341 768	120 487
67 892	283 264	6 309
126 073	27 489	24 502

4 Runde auf Zehntausender.

a)	b)	c)	d)
13 278	23 307	345 907	209 356
87 359	69 035	574 519	87 003
25 987	127 643	645 020	193 900

5 Runde auf Hunderttausender.

a)	b)	c)	d)
312 719	588 678	964 311	454 545
780 559	713 512	850 072	545 454
151 033	250 126	649 983	450 000

6 Die Zuschauerzahl wird in den Meldungen ganz unterschiedlich angegeben.
Wie hoch ist die genaue Zahl der Zuschauer, für wen sind die anderen Angaben wichtig?

Kartei

Frankfurt. Zum Abschluss der Saison kamen noch einmal 41 376 zahlende Zuschauer ins Stadion und sahen ein spannendes Fußballspiel, dass alle

Noch einmal kamen fast 42 000 Zuschauer zum gelungenen Abschluss der diesjährigen Bundesligasaison.

Über 40 000 begeisterte Fans feierten mit ihren Idolen einen gelungenen Abschluss. Sie werden

Wieder war das Stadion, das ein Fassungsvermögen von 43 000 Zuschauern aufweist, fast ausver-

Weitere Übungen Seite 131

Linien und Kreise

1 Rechts siehst du ein Bild des Malers Piet Mondrian.
Die beiden anderen Bilder haben Kinder gemalt.
Kannst du das auch?

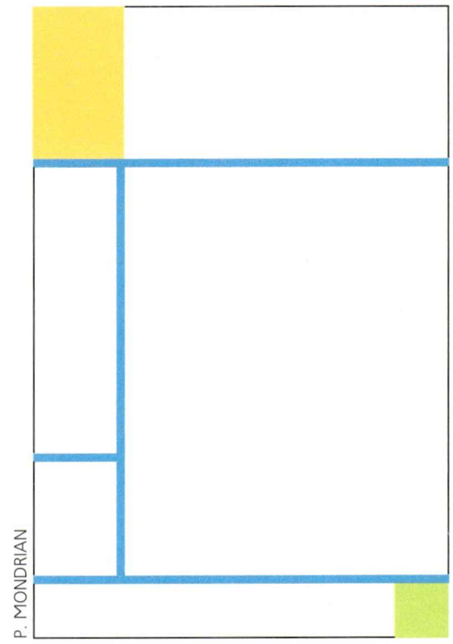

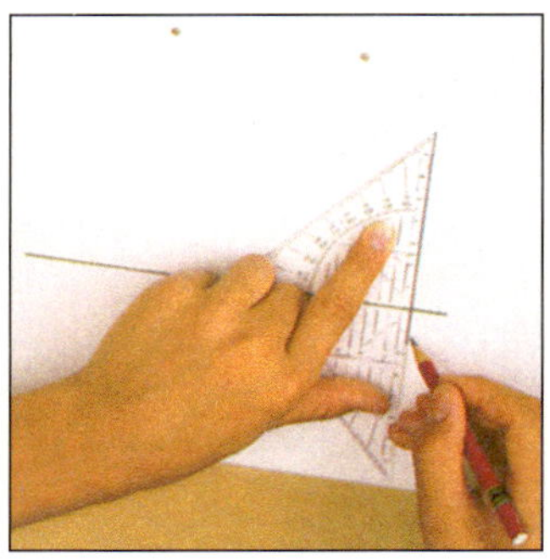

2 So kannst du senkrechte Linien falten. Senkrechte Linien erzeugen einen rechten Winkel.

b) Wie viele rechte Winkel entdeckst du zwischen den Faltlinien?

3

a) Schneide nach Augenmaß ein Viereck aus. Es soll ein Rechteck werden.

b) Schneide nach Augenmaß einen Streifen Papier. Er soll überall gleich breit sein.

c) Zeichne nach Augenmaß zwei gerade Linien. Sie sollen senkrecht aufeinander stehen.

d) Zeichne nach Augenmaß zwei gerade Linien. Sie sollen parallel zueinander sein.

1 Auf der Wiese stehen vier Pfosten für die Wäscheleine.
Der Hausmeister spannt die Leine so, dass möglichst viel Wäsche aufgehängt werden kann.
Wie viele Verbindungen (Strecken) entstehen?

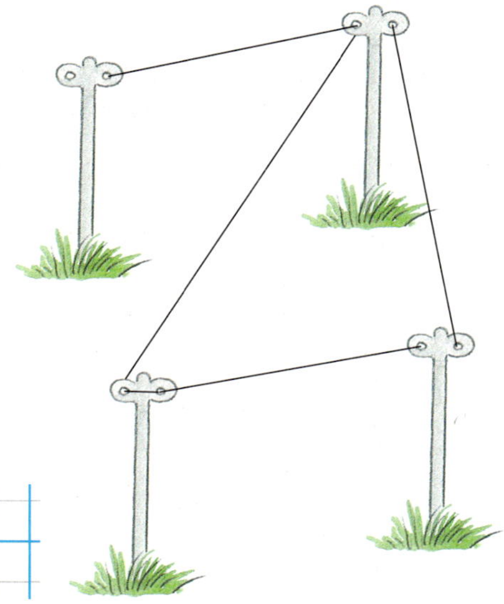

2 Hier sind andere „Wäschepfosten".
Übertrage die Zeichnungen in dein Heft und spanne die Leine: Verbinde jeden Punkt mit allen anderen.

a) Wie viele Strecken gibt es immer?

Punkte	2	3	4	5	6	7
Strecken						

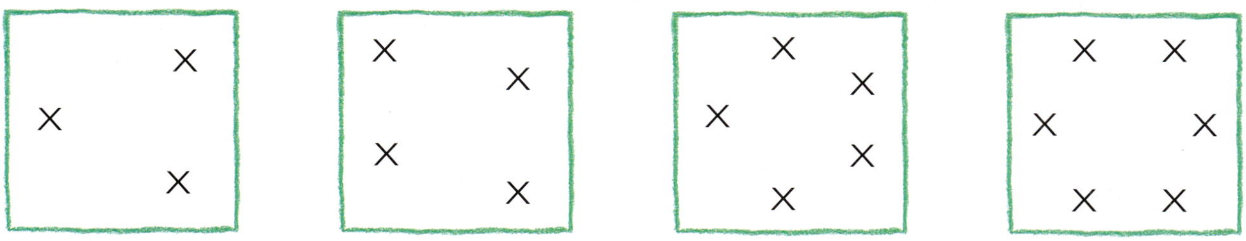

b) Entdeckst du eine Regel in der Tabelle?

c) Wie viele Strecken gibt es bei 8 (12, 15) Punkten?

3 Zeichne Geraden.
Wie viele Schnittpunkte gibt es?
Übertrage die Tabelle in dein Heft.

Geraden	1	2	3	4	5
Schnittpunkte			0, 1, 2, 3		

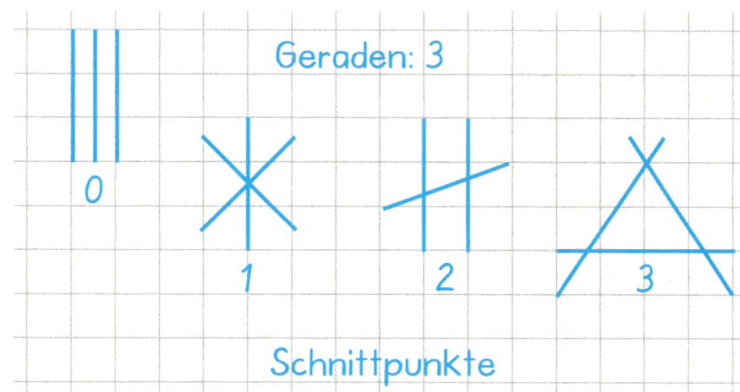

4 Zeichne ein Quadrat mit 8 cm Seitenlänge, markiere einen Punkt in der Mitte jeder Seite.
Nummeriere die Punkte wie im Bild, verbinde sie in der Reihenfolge der Zahlen.

a) Wie lang ist eine Strecke?

b) Wie viele Strecken gibt es?

c) Wie lang sind sie alle zusammen?

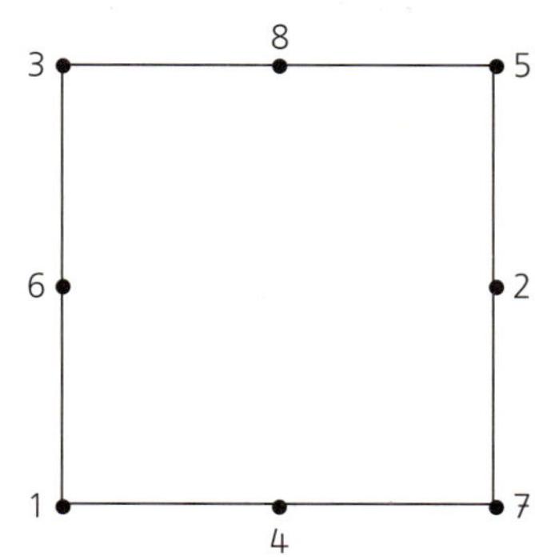

5 Jetzt hat das Quadrat 7,5 cm Seitenlänge.
Teile die Seiten in drei gleiche Teile, nummeriere wie im Bild.
Zeichne von Punkt 1 über Punkt 2 und Punkt 3 nach Punkt 1 zurück.
Mache es ebenso mit den Punkten 4 bis 6, 7 bis 9, 10 bis 12.

a) Wie lang ist eine einzelne Strecke?

b) Wie lang sind alle drei Strecken zusammen?

c) Denke dir andere Muster aus.

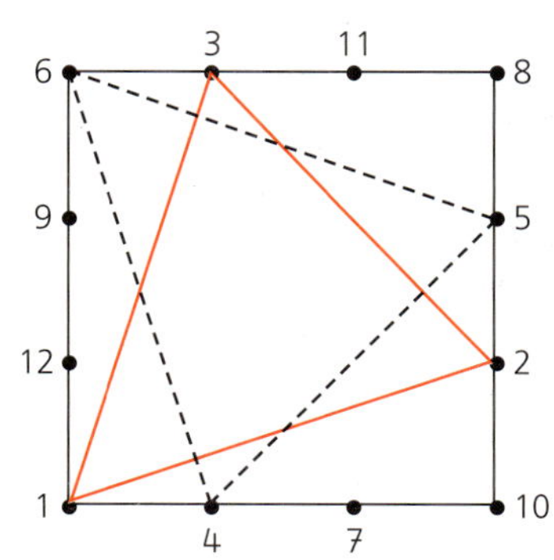

1 Zeichne ein Rechteck, 5 cm lang und 3 cm breit.

2 Zeichne das Rechteck.
a) 6 cm lang, 4 cm breit
b) 4 cm lang, 5 cm breit
c) 4,5 cm lang, 2,8 cm breit
d) 8,4 cm lang, 3,7 cm breit
e) 10 cm lang, 3 cm breit
f) 12,5 cm lang, 4,3 cm breit

3 Zeichne das Quadrat.
a) 4 cm lang
b) 5,5 cm lang
c) 8 cm lang

4 a) Zeichne eine Gerade und dann fünf Geraden, die senkrecht dazu stehen.
b) Zeichne noch zwei Geraden, die senkrecht zu den fünf Geraden stehen.

5 a) Zeichne zwei parallele Geraden. Ihr Abstand soll 2 cm (8 cm) sein.

6 Zeichne erst ein Quadrat mit 4 cm langen Seiten. Dann zeichne das Muster.

a) 

b) 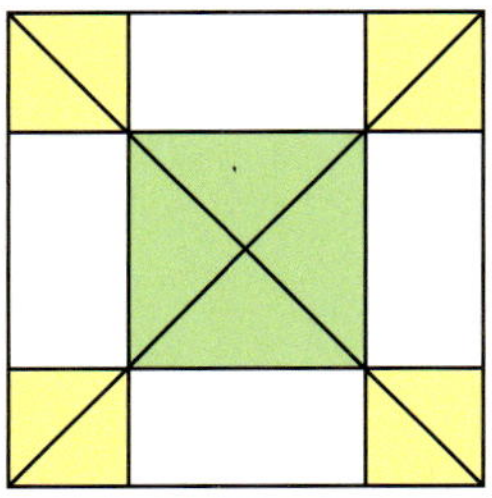

c) 

d) 

7 Muster für Meister-Maler. Zeichne erst ein Rechteck, 6 cm lang und 4 cm breit.

a) 

b) 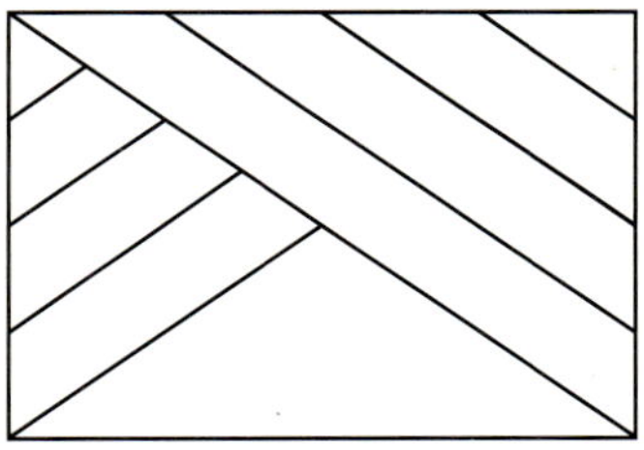

c) 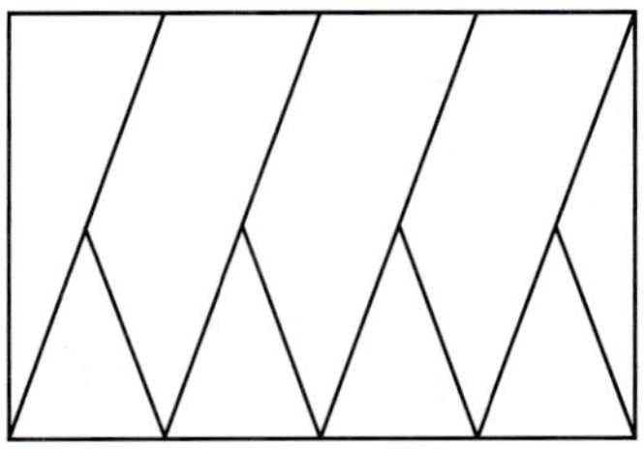

8 Manchmal kann man seinen Augen nicht trauen. Entdeckst du hier parallele Gerade?
Prüfe mit dem Geodreieck.

a) 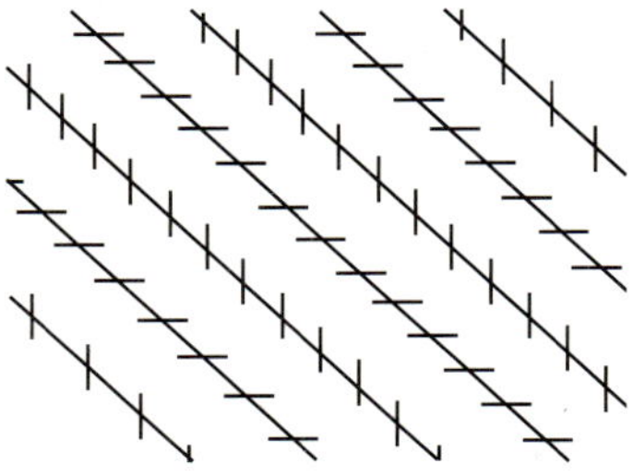

b) 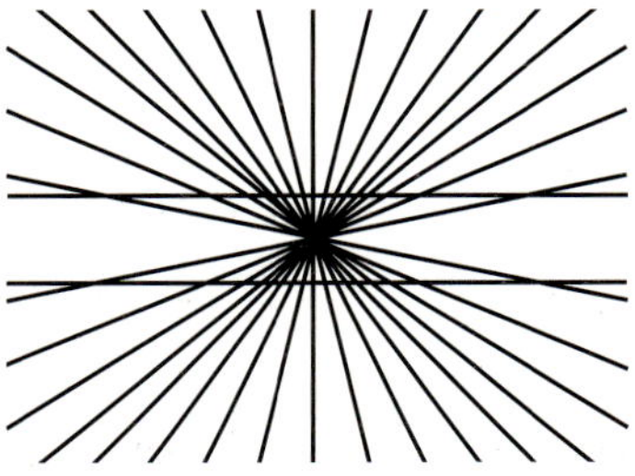

c) 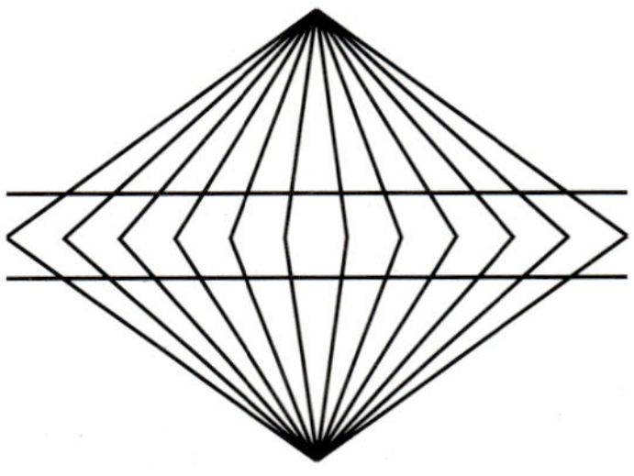

1 Wie musst du werfen, um den Hauptpreis zu gewinnen?

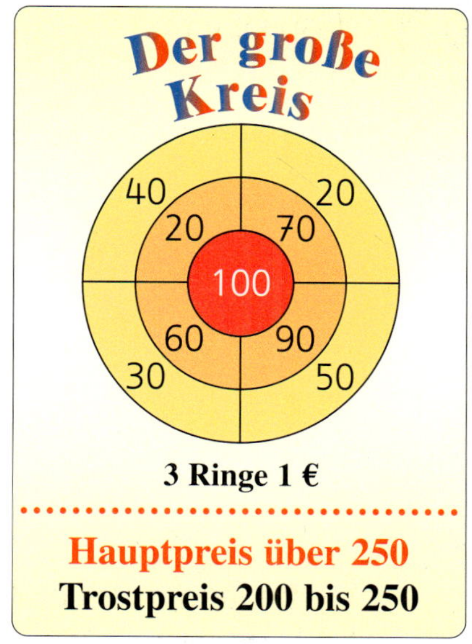

2 So haben die Kinder das Spielfeld mit Faden und Kreide gemalt.

3 Mit dem Zirkel kannst du einen Kreis zeichnen. Markiere immer zuerst den Mittelpunkt.

4 Zeichne einen Kreis. So groß soll der Radius sein:
a) 3 cm   b) 5 cm   c) 7 cm   d) 4,5 cm
Wie groß ist der Durchmesser?

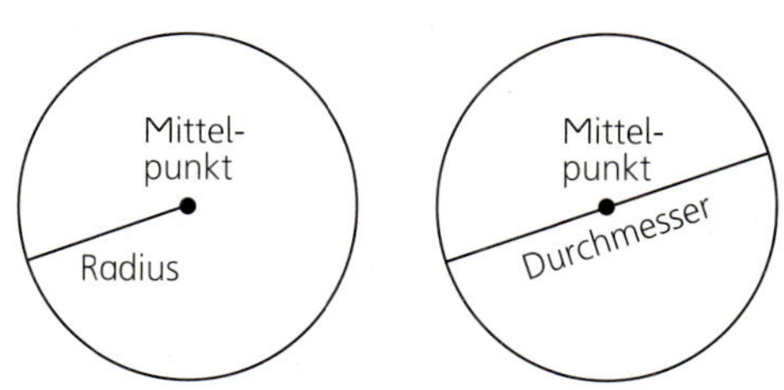

5 Zeichne einen Kreis.
Dein Partner misst, wie groß der Durchmesser ist.

6 Zeichne vier Kreise mit demselben Mittelpunkt.
Deine Partnerin misst, wie groß die Radien sind.

7 Zeichnet ein Spielfeld mit Kreisen. Spielt darauf mit Plättchen.

Addieren und subtrahieren

1

72000
7200
720
72
27
270
2700
27000

18000
1800
180
18
81
810
8100
81000

Zahlix und Zahline haben mit vielen Nullen und zwei anderen Ziffern Muster aus Zahlen gebildet.

a) Lies deiner Partnerin die Zahlen vor.

b) Bildet mit den Ziffern 4 und 6 ein Muster wie Zahlix.

c) Bildet mit 9 und 5 ein Muster wie Zahline.

2 Zahlix und Zahline suchen aus ihren Mustern jeweils eine Zahl aus und addieren die beiden Zahlen. Viele Aufgaben sind ganz leicht. Schreibt zehn leichte Aufgaben auf.

3

a) Manche Aufgaben kannst du in Schritten lösen. Schreibe solche Aufgaben auf.

b) Wie heißt die Aufgabe mit der kleinsten Summe?

c) Wie heißt die Aufgabe mit der größten Summe?

4 a) Bilde mit den Ziffern 4 und 8 ein Zahlen-Muster wie Zahlix. Dein Partner bildet mit 6 und 7 ein Muster wie Zahline.

b) Schreibt Plus-Aufgaben auf: Du schreibst eine Zahlix-Zahl, dein Partner eine Zahline-Zahl. Du rechnest aus. Nach vier Aufgaben wechselt ihr.

c) Wie viele verschiedene Plus-Aufgaben gibt es?

5

a)	b)	c)	d)
20 100 + 3 800	60 400 + 3 700	50 080 + 4 200	30 090 + 13
20 100 + 380	60 400 + 370	50 080 + 420	39 090 + 130
20 100 + 38	60 400 + 37	50 080 + 42	39 090 + 13 000

Oft hilft es, schrittweise zu rechnen.

1

3 568 + 5
40 555 + 8
23 328 + 9
17 896 + 5
18 695 + 7
55 396 + 8

Quersumme 18

2

2 525 + 30
59 230 + 70
91 080 + 80
66 170 + 60
24 298 + 10
70 851 + 50

Quersumme 17

3

3 242 + 500
87 600 + 400
60 750 + 700
71 961 + 100
42 436 + 600
21 955 + 300

Quersumme 16

4

7 932 + 3 000
42 111 + 6 000
75 322 + 5 000
29 071 + 5 000
57 521 + 4 000
97 333 + 8 000

Quersumme 15

5

71 000 + 3 300
24 300 + 3 200
42 700 + 2 800
55 800 + 1 400
38 200 + 8 200
98 400 + 6 500

Quersumme 14

6 Finde immer zehn Plus-Aufgaben, die im Haus wohnen.

7

45 000 + 22 000
23 100 + 43 000
47 000 + 38 000
29 400 + 16 000
73 066 + 27 000
41 700 + 91 000

Quersumme 13

8

620 000 + 220 000
226 000 + 110 000
302 000 + 340 000
650 000 + 280 000
170 040 + 360 000
890 029 + 110 000

Quersumme 12

9

401 000 + 204 000
201 200 + 303 000
307 000 + 208 000
226 200 + 107 000
594 002 + 306 000
597 055 + 403 000

Quersumme 11

10 Rechne die einzelnen Aufgaben im Kopf. Dann addiere die Summen mit dem Taschenrechner. Du erhältst die Schatzzahl.

a) 11 808 | 18 080 + 2 | 20 | 200

b) 9 157 | 9 555 + 5 | 50 | 500

c) 19 099 | 9 979 + 1 | 10 | 100

d) 28 900 | 77 100 + 3 000 | 30 000

e) 18 300 | 80 700 + 2 000 | 20 000

Weitere Übungen Seite 132

1

2

a) 29 999 + 33 001
29 999 + 28 001

b) 69 999 + 15 001
69 999 + 16 661

c) 400 001 + 99 999
105 002 + 99 998

d) 100 998 + 8 002
100 998 + 87 002

3

a) 49 999 + 713
49 999 + 1 845

b) 79 999 + 6 007
79 999 + 4 849

c) 24 443 + 99 999
68 862 + 99 999

d) 109 999 + 20 014
109 999 + 67 778

4 Im Kopf oder schriftlich? Wie geht es schneller? Überlege bei jeder Aufgabe neu.

a)	b)	c)
60 202 + 6 000	13 080 + 13 000	99 999 + 450 223
76 650 + 7 372	16 852 + 12 189	450 000 + 340 000
32 040 + 2 410	23 000 + 56 000	207 022 + 762 978
91 399 + 201	33 599 + 22 001	430 065 + 70 000
64 646 + 584	58 897 + 53 709	407 200 + 30 000
73 180 + 60	39 999 + 57 001	640 614 + 63 409

5

a) Dividiere 55 durch 11. Addiere 300 003.

b) Subtrahiere 100 000 von 900 000. Addiere 30 000.

c) Addiere zu 800 098 die Hälfte von 404.

d) Subtrahiere 600 von 800 600. Addiere zur Differenz die Summe von 1 999 und 1 001.

e) Addiere 184 567 und 123 456. Subtrahiere 23 vom Ergebnis.

f) Addiere zu 799 998 das Doppelte von 16.

g) Dividiere 495 durch 5 und addiere dann noch 300 701.

h) Multipliziere 23 mit 3. Addiere 300 011.

i) Addiere die Hälfte von 6 zu 800 000.

Weitere Übungen Seite 132

Zahlix und Zahline erinnern sich an ein Spiel mit Ziffernkärtchen, das sie früher schon einmal gespielt haben. Sie wählen die Ziffernkärtchen von 1 bis 8.
Jeder nimmt vier Kärtchen und steckt sie auf seinen Pfeil. Dann zielen sie.

1 Spielt wie Zahlix und Zahline.

2

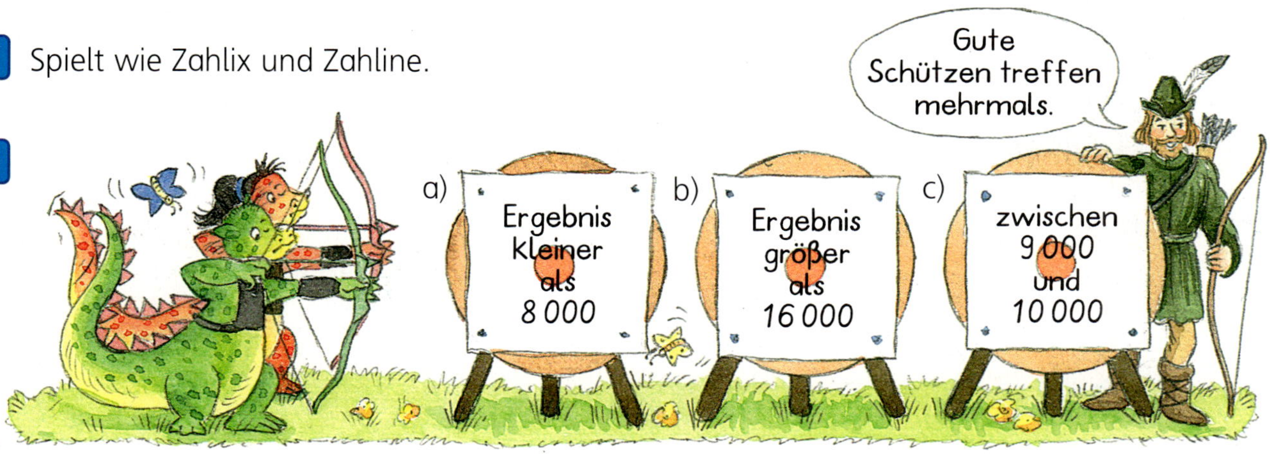

3 Bei allen Ergebnissen ist die Quersumme 22.

a)	ZT	T	H	Z	E
	2	7	8	6	9
+		5	0	4	6
+	3	1	6	2	8
				2	
					3

b)
```
   124038
+   17424
+    6979
```

c)
```
   141751
+  303690
+   15084
```

4 Schreibe richtig untereinander und rechne. Bei allen Ergebnissen ist die Quersumme 31.

a) 438 567 + 289 765 + 64 032 + 9 324
b) 629 551 + 89 324 + 8 956 + 27 417
c) 10 238 + 456 789 + 72 517 + 346 564
d) 38 928 + 734 019 + 6 426 + 69 142
e) 9 256 + 26 481 + 470 215 + 174 866
f) 698 677 + 189 556 + 98 019 + 5 912

5

a)
```
  □ □ 5 8
+ 6 5 4 □
  8 0 □ 1
```

b)
```
  □ 3 7 2
+ 4 □ □ 7
  6 9 8 9
```

c)
```
  □ 4 3 □ 2
+ 2 □ □ 1 □
  8 5 8 9 5
```

d)
```
   5 □ □ 6 □ 8
+  □ 4 0 8 6 □
 □ 4 7 8 □ 9 5
```

6 Zum Knobeln. Für alle drei Aufgaben gilt: Gleiches Zeichen – gleiche Ziffer.

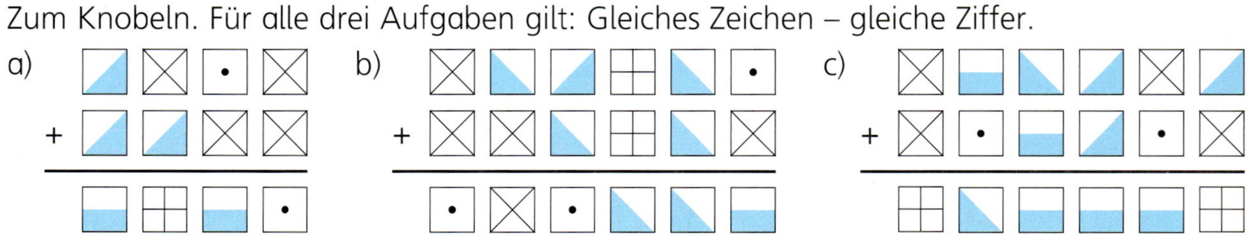

1 Zahlix und Zahline haben viele Zahlen auf die Segel ihrer Boote geschrieben. Erzähle.

Nun suchen sie sich aus ihren Segeln jeweils eine Zahl aus und subtrahieren.

a) Schreibe zehn Minus-Aufgaben auf, die du leicht lösen kannst.

b) Schreibe zehn Minus-Aufgaben auf, die du schwierig findest.

2 Bildet Zahlenmuster wie Zahlix und Zahline mit den Ziffern 7 und 3 und vielen Nullen.

a) Schreibt Minus-Aufgaben auf: Du schreibst eine Zahlix-Zahl, dein Partner eine Zahline-Zahl. Du rechnest aus. Nach vier Aufgaben wechselt ihr.

b) Wie viele Aufgaben gibt es, bei denen im Ergebnis die Ziffer 9 **nicht** auftaucht?

c) Wie heißt die Aufgabe, bei der im Ergebnis am häufigsten die Ziffer 9 auftaucht?

3

a)	b)	c)	d)
8 000 – 2 000	60 000 – 30 000	500 000 – 40 000	1 000 000 – 400 000
8 000 – 200	60 000 – 300	500 000 – 4 000	1 000 000 – 40 000
8 000 – 20	60 000 – 3	500 000 – 40	1 000 000 – 4

4

Zahlix hat sich für sein neues Segel noch eine Ziffer dazu geholt.

a) Schreibe zehn Minus-Aufgaben auf, die leicht zu lösen sind.

b) Schreibe zehn Minus-Aufgaben auf, die du schwierig findest.

5

a)	b)	c)	d)
9 149 – 5	6 483 – 40	9 000 – 200	8 701 – 1 000
17 260 – 7	44 690 – 60	29 800 – 300	58 140 – 3 000
37 340 – 8	21 874 – 50	63 840 – 500	49 721 – 8 000
45 152 – 8	59 200 – 80	91 000 – 300	80 000 – 2 000
71 025 – 6	44 320 – 50	56 000 – 400	30 202 – 1 000
60 741 – 9	72 350 – 90	35 100 – 200	52 121 – 5 000
Quersumme 18	Quersumme 17	Quersumme 16	Quersumme 15

1 Rechne die einzelnen Aufgaben im Kopf. Dann addiere die Ergebnisse mit dem Taschenrechner. Du erhältst die Schatzzahl.

a) 18 870 | 14 700 – 7 | 70 | 700

b) 11 666 | 39 601 – 6 | 60 | 600

c) 10 900 | 20 000 – 5 | 50 | 500

d) 66 660 | 210 000 – 2 000 | 20 000

e) 30 403 | 304 003 – 3 000 | 30 000

2

3 Löse schrittweise.

a)	b)	c)	d)
38 900 – 1 500	99 000 – 32 000	970 000 – 310 000	708 000 – 202 000
89 800 – 6 500	98 100 – 14 000	670 014 – 420 000	905 100 – 103 000
79 900 – 2 900	94 009 – 54 000	800 000 – 230 000	545 001 – 103 000
98 300 – 3 300	87 340 – 27 000	500 030 – 140 000	909 300 – 109 000
28 000 – 4 100	62 000 – 13 000	730 000 – 250 000	722 000 – 504 000
100 000 – 8 600	83 000 – 25 000	820 200 – 630 000	300 000 – 109 000
Quersumme 14	Quersumme 13	Quersumme 12	Quersumme 11

4 Fragen – Lösen – Antworten

Kartei

a) Herr und Frau Schneider hatten auf ihrem gemeinsamen Sparkonto genau 26 000 €. Für die Renovierung ihrer Wohnung geben sie 5 210 € aus.

b) Für den Ausbau des Daches hatte Familie Morlon mit Kosten in Höhe von 16 000 € gerechnet. Die Baukosten erhöhten sich aber um 4 300 €.

c) Ein Tankwagen verlässt das Lager mit 30 000 Liter Heizöl. Das Mehrfamilienhaus am Krokusweg wird mit 14 000 Litern beliefert. Familie Mohr am Tulpenweg erhält 3 600 Liter.

d) Ein Autotransporter befördert neue PKW im Gesamtwert von 310 000 €. Autohändler Mahnke erhält vier dieser Autos.

e) Herr Raschke hat 73 000 € im Lotto gewonnen. Er gönnt sich eine Traumreise nach Australien. Der Flug kostet 1 600 €. Für die Unterkunft zahlt er weitere 5 500 €.

④ Eine Aufgabe ist eine „Kapitänsaufgabe" (= diese Aufgabe kann mit den gegebenen Informationen nicht gelöst werden)

Weitere Übungen Seite 132

1

a) 24 312 – 999
63 005 – 999

b) 46 500 – 9 999
98 416 – 9 999

c) 84 802 – 990
71 316 – 990

d) 20 000 – 9 999
20 000 – 990

2

a) 87 308 – 87 304
17 406 – 17 401

b) 77 416 – 77 413
35 725 – 35 721

c) 46 011 – 46 008
31 415 – 31 405

d) 99 638 – 99 628
73 012 – 71 012

3 Im Kopf oder schriftlich? Wie geht es schneller? Überlege bei jeder Aufgabe neu.

a)	b)	c)
28 325 – 6 893	83 150 – 50 000	643 000 – 199 000
44 007 – 1 002	99 052 – 46 939	469 519 – 146 317
53 499 – 999	58 111 – 13 000	420 150 – 99 999
80 702 – 500	87 566 – 87 500	150 000 – 21 000
12 222 – 591	92 815 – 51 493	213 806 – 88 496

4 In jedem Päckchen sind drei Ergebnisse falsch. Du findest sie durch den Überschlag. Rechne nur die Aufgaben, deren Differenz falsch ist.

a) 87 158 – 2 974 = 84 184
56 298 – 6 416 = 52 882
24 106 – 6 093 = 18 013
79 843 – 5 052 = 76 719
19 913 – 4 986 = 13 827

b) 36 955 – 13 152 = 29 803
42 209 – 21 940 = 20 269
59 312 – 21 908 = 37 404
84 073 – 19 529 = 74 544
32 964 – 14 976 = 27 988

5 Rechne nur die sechs Aufgaben, deren Ergebnisse zwischen 20 000 und 25 000 liegen.

a)	b)	c)	d)
27 812 – 9 816	29 853 – 2 236	39 654 – 16 249	97 872 – 75 305
26 998 – 3 045	31 104 – 7 901	42 932 – 13 978	91 066 – 78 194
24 106 – 4 979	33 017 – 9 944	54 108 – 22 892	86 174 – 64 017

22 157   22 567   23 073   23 203   23 405   23 953   24 385

6 Alle drei Ergebnisse zusammen ergeben 500 €.

a)	b)	c)
234,00 € – 109,99 €	399,99 € – 190,00 €	517,88 € – 499,87 €
163,54 € – 143,54 €	601,25 € – 580,25 €	123,66 € – 60,00 €
804,77 € – 448,78 €	555,99 € – 286,98 €	518,32 € – 99,99 €

7 Ergänze die fehlenden Ziffern.

a)	b)	c)	d)
□ 9 9 □	6 5 □ 7 9	□ 8 □ 2 □	1 0 0 □ 0
– 3 □ □ 6	– 2 □ 5 □ 7	– 3 4 2 0 6	– □ 2 5 □
6 3 6 3	□ 1 3 1 □	4 □ 7 □ 9	1 □ 4 6

8 Hier gibt es zwei Möglichkeiten.

a)	b)	c)	d)	e)
5 7 □ 5 □	1 8 1 5 □	3 8 □ 1 □	□ 4 0 2 □	4 □ 2 1 □
– 2 8 1 7	– 2 □ 1 9	– 2 7 □ 8	– 6 7 □ 6	– 7 □ 2
□ 5 □ □ 2	□ 6 □ □ 2	□ 6 □ 5 3	□ 3 □ 6	□ 3 5 □ 6

Weitere Übungen Seite 132

1 Familie Köhler fährt in den Urlaub. Bei der Abfahrt hat das Auto einen Kilometerstand von 127 835 km. Das Navigationssystem zeigt, dass die Hinfahrt 1 467 km lang ist.

F: Welchen Kilometerstand hat das Auto nach der Hinfahrt?

L:

Anfang	Fahrtstrecke	Ende
1 2 7 8 3 5 km	+ 1 4 6 7 km →	km

2 Der Kilometerzähler im Auto von Frau Menke zeigt bei der Abfahrt von ihrem Heimatort 54 693 km an. Das Navigationssystem im Auto sagt ihr, dass ihr Urlaubsziel 1 219 km weit entfernt ist.

3 Der Kilometerzähler von Frau Gronewald zeigt 86 386 km an. Die nächste Inspektion ist bei 100 000 km fällig.

4 Zu Anfang des Jahres hatte das Auto von Herrn Dag einen Kilometerstand von 43 769 km. Am Jahresende zeigte der Kilometerzähler 71 423 km an.

5 Der Kilometerzähler in Herr Meiers Auto zeigte bei der Abfahrt von seinem Heimatort 48 954 km an. Am Urlaubsziel stand der Kilometerzähler auf 51 261 km.

6 Herr Wirtz plant für seine Familie und sich eine Urlaubsreise nach Italien. Er muss an so vieles denken. Welche Fragen stellen sich für Herrn Wirtz? Findet Lösungen und Antworten.

Kartei

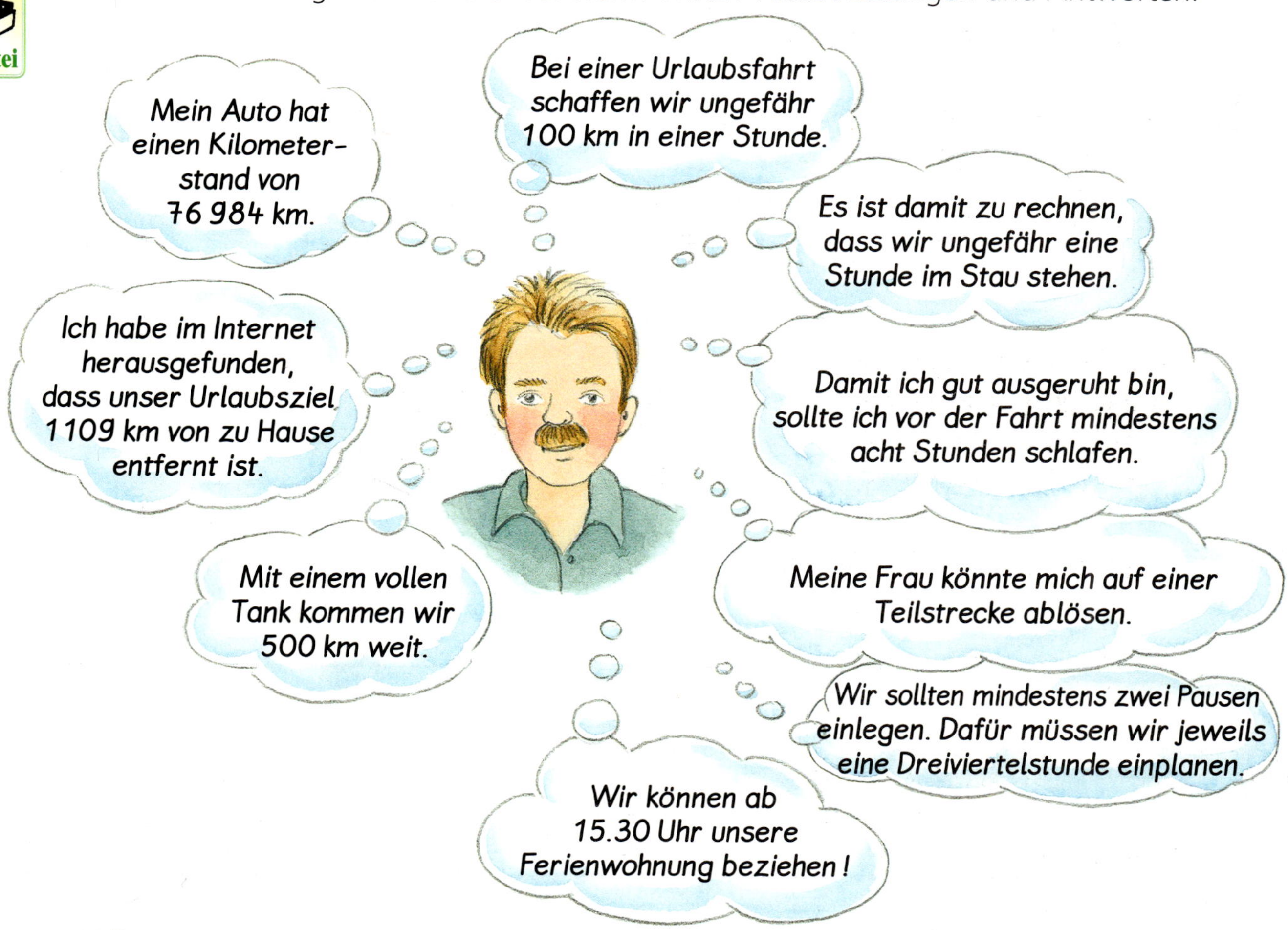

1 Am Parkplatz steht eine Informationstafel.
Mit der Karte lassen sich Wanderungen gut planen.
Wie lang sind die Wanderwege?
Wie viel Meter? Wie viel Kilometer?

a) Zum Tiergehege und zurück!

b) Zum Tiergehege und über den Wasserfall zurück.

c) Parkplatz – See – Burg – Wasserfall – Tiergehege.

d) Denkt euch eigene Wege aus.

2 Herr Ebeling trifft auf seiner Wanderung auf ein Schild.

a) Wo befindet sich Herr Ebeling? Zeige auf der Karte.

b) Wie weit ist es von dort aus zum Parkplatz, wenn er noch zum Tiergehege geht? Wie weit ist es, wenn er den kürzesten Weg wählt?

c) Herr Ebeling behauptet: „Bis zum Wasserfall ist es nur ein halber Kilometer." Stimmt das?

3 Wie viel Meter sind es?

a) 2 km
10 km
5 km
25 km

b) 800 m weiter als 4 km
600 m weiter als 1,8 km
500 m weniger als 3,6 km
700 m weniger als 3,4 km

c) $\frac{1}{2}$ km
$\frac{1}{4}$ km
$\frac{3}{4}$ km
$1\frac{1}{2}$ km

d) $\frac{1}{2}$ km weiter als 7,2 km
$\frac{3}{4}$ km weiter als 3,5 km
$1\frac{1}{2}$ km weniger als 11 km
$\frac{1}{4}$ km weniger als 4 km

4 Herr Berns und Herr Kühn sind begeisterte Wochenend-Wanderer.
Jeden Morgen beginnen beide gleichzeitig um 9 Uhr ihre Wanderung.
Herr Berns schafft in einer Stunde 6 km, Herr Kühn sogar 7 km.

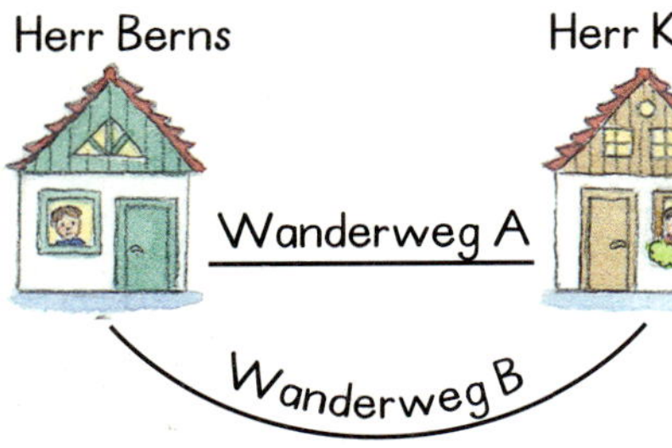

a) Am Samstag treffen sie sich auf Wanderweg A nach $2\frac{1}{2}$ Stunden.
Wie weit ist Herr Berns gewandert?
Wie weit ist Herr Kühn gewandert?
Wie lang ist der Wanderweg A von Haus zu Haus?

b) Am Sonntag wählen sie den Wanderweg B.
Diesmal treffen sie sich erst um 12.30 Uhr.
Wie lang ist dieser Wanderweg von Haus zu Haus?

5 Übertrage die Tabelle in dein Heft und fülle sie aus.

1378 m	3215 m			2076 m			
1 km 378 m		9 km 235 m			5 km 70 m		2 km 7 m
1,378 km			6,723 km			2,080 km	

1 Kilometer, Meter, Zentimeter oder Millimeter?

2 Aufgepasst!

a) $\frac{1}{2}$ km = ____ m $\quad$ $\frac{1}{2}$ m = ____ cm $\quad$ $\frac{1}{2}$ cm = ____ mm

b) $1\frac{1}{2}$ km = ____ m $\quad$ $1\frac{1}{2}$ m = ____ cm $\quad$ $1\frac{1}{2}$ cm = ____ mm

1 km = 1 000 m
1 m = 100 cm
1 cm = 10 mm

3 Acht Angaben, aber nur drei verschiedene Längen.

a) 350 mm | $3\frac{1}{2}$ m | 3 m 50 cm | 0,35 m | 350 cm | 3,5 cm | $3\frac{1}{2}$ cm | 35 cm

b) 7 m 5 cm | 0,75 m | 7,05 m | 75 cm | 75 mm | 705 cm | 7,5 cm | $7\frac{1}{2}$ cm

4
a) Wie viel Meter sind es? 0,5 km 0,1 km 2,5 km 3,2 km
b) Wie viel Zentimeter sind es? 0,5 m 0,2 m 3,5 m 2,7 m
c) Wie viel Millimeter sind es? 0,5 cm 0,3 cm 2,1 cm 4,3 cm
d) Wie viel Millimeter sind es? 10 cm 1 m 100 m 1 km

5 Übertrage die Tabelle in dein Heft und fülle sie aus.

184 cm		243 cm		1 207 cm			
1 m 84 cm	3 m 55 cm				5 m 6 cm		
1,84 m			6,87 m			4,08 m	24,80 m

6 Achte auf Wecker-Aufgaben. Die drei Ergebnisse zusammen ergeben 10 m.

a) 5,72 m − 3,98 m
7,01 m − 2,95 m
8,27 m − 4,07 m

b) 10,07 m − 5,30 m
12,50 m − 9,98 m
3,98 m − 1,27 m

c) 10,70 m − 6,07 m
9,87 m − 7,87 m
6,74 m − 3,37 m

7 Gib das Ergebnis in Meter an (Kommazahl).

a) $\frac{1}{2}$ m + 2,37 m + 87 cm
$2\frac{1}{2}$ m + 4,35 m + 92 cm
$\frac{3}{4}$ m + 7,52 m + 26 cm

b) $12\frac{1}{4}$ m − 7,85 m
$114\frac{1}{2}$ m − 25,72 m
$10\frac{1}{2}$ m − 5,27 m

c) 7,27 m − $3\frac{1}{4}$ m
8,02 m − $2\frac{1}{2}$ m
5,11 m − $1\frac{3}{4}$ m

8 Kann das sein?

a) Die Grundschule „Im Wiesengrund" weiht heute ihren neuen Schulhof ein. Er ist 3 000 m breit und 15 000 m lang und bietet schön gestaltete Spielflächen für die Schüler und Schülerinnen.

b) Saskia hat an ihrem neuen Fahrrad einen Kilometerzähler. In der ersten Woche ist sie genau 49,5 km gefahren. Für die nächste Woche nimmt sie sich 60 km vor.

c) Herr Zumloh kauft im Baumarkt Bretter für sein neues Regal. Er benötigt zwei Bretter von 2,3 cm Länge und vier Bretter von 38 cm Länge. Er bezahlt mit einem 20-Euro-Schein.

Weitere Übungen Seite 133

1 a) 5 000 + 1
5 000 − 1

b) 4 000 + 6
4 000 − 6

c) 6 400 + 8
6 400 − 8

d) 1 896 − 5
1 896 + 5

2 a) 7 400 + 60
7 400 − 60

b) 3 170 + 30
3 170 − 30

c) 6 210 − 80
6 210 + 80

d) 2 990 + 20
2 990 − 20

3 a) 1 200 + 500
1 200 − 500

b) 1 900 − 500
1 900 + 500

c) 3 850 + 200
3 850 − 200

d) 5 710 + 600
5 710 − 600

4 a) 3 204 + 99
3 204 − 99

b) 4 213 − 199
4 213 + 199

c) 4 700 + 999
4 700 − 999

d) 7 850 − 1 999
7 850 + 1 999

1

a) 102 000 | 10 200 | + | 800 | 8 000 | 88 000

11 000   18 200   98 200   102 800   108 200   110 000   190 000

b) 603 000 | 60 300 | − | 500 | 5 000 | 55 000

5 300   55 300   59 800   548 000   578 000   598 000   602 500

2 Alle Ergebnisse haben die Quersumme 30.

a) 124 816 + 600 404 + 184 809 + 27 216
255 894 + 63 036 + 273 430 + 56 300
306 449 + 187 196 + 44 275 + 9 328

b) 869 255 − 400 748
387 922 − 8 830
931 000 − 89 146

c) 950 323 − 268 984
796 447 − 88 288
804 509 − 9 293

1

2 Ein neues Schlüsselbrett. Hier kannst du addieren oder subtrahieren.

Im Freizeitpark gibt es viel zu sehen.
Achtung: Im Wegeplan werden unterschiedliche Längenmaße benutzt.

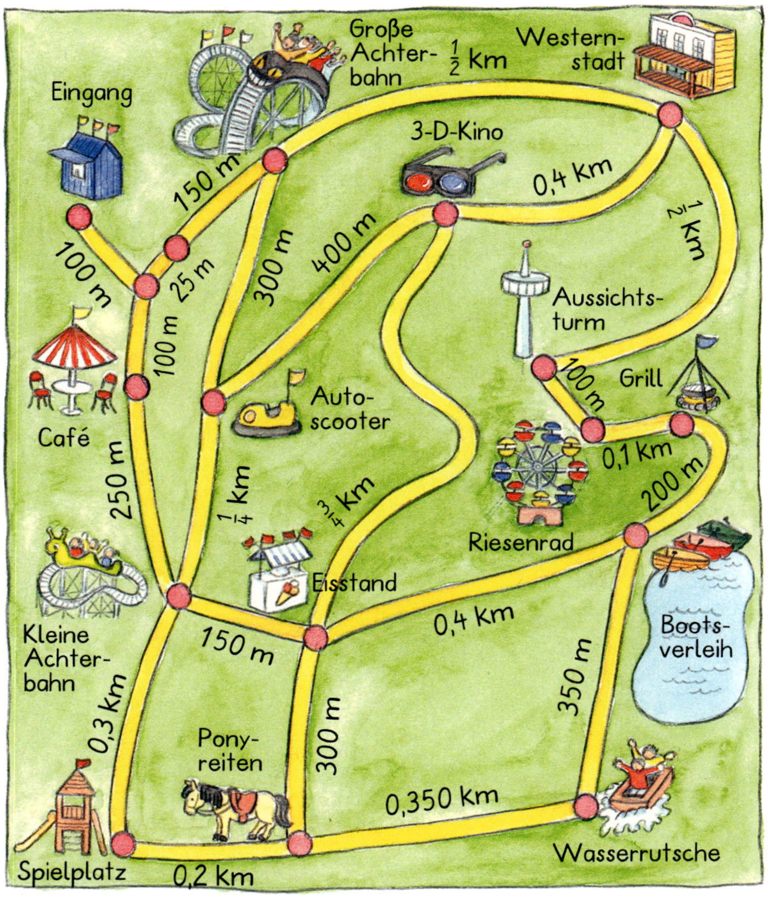

a) Björn möchte vom Eingang aus zur Westernstadt. Wie lang ist sein Weg?

b) Greta kommt gerade an. Sie hat folgende Wünsche: Spielplatz – Ponyreiten – Eis essen – 3-D-Kino.

c) Tanja kann vom Eingang auf verschiedenen Wegen zum 3-D-Kino gehen. Wie lang sind die Wege?

d) Michelle sucht den kürzesten Weg von der Wasserrutsche zur kleinen Achterbahn.

e) Giuseppe legt auf seinem Weg bis zum Café eine Strecke von 0,8 km zurück. Wo ist er wohl losgegangen?

f) Überlegt euch weitere Wegerätsel.

1 Gib das Ergebnis in Meter und Kilometer (Kommazahl) an.

a) 7 km | 20 km − 100 m | 10 m | 1 m

b) 8 km | $2\frac{1}{2}$ km + $\frac{1}{2}$ km | 100 m | 1 m

2 Achte darauf: Komma unter Komma!
Die drei Ergebnisse zusammen ergeben 50 km.

a) 12,7 km − 5,875 km
32,2 km − 6,086 km
18,5 km − 1,439 km

b) 10,321 km − 4,5 km
26,080 km − 5,9 km
31,299 km − 7,3 km

3 Eine Schnecke ist in einen 3 m tiefen Brunnen gefallen. Sie kriecht jeden Tag 90 cm hoch. In jeder Nacht rutscht sie aber wieder $\frac{1}{2}$ m nach unten.
Am wie vielten Tag kommt sie wieder aus dem Brunnen heraus?

Lina: „Mara war es."
Mara: „Florian hat es getan."
Björn: „Ich war es nicht."
Florian: „Mara hat gelogen."

Einer von den Vieren hat gelogen. Wer hat den Ball geworfen?

Flächen und Längen

1 Abgebildet ist eine Skizze des Balkons von Familie Köhler.
Übertrage den Balkon in dein Heft.
Zeichne für 10 cm ein Kästchen.

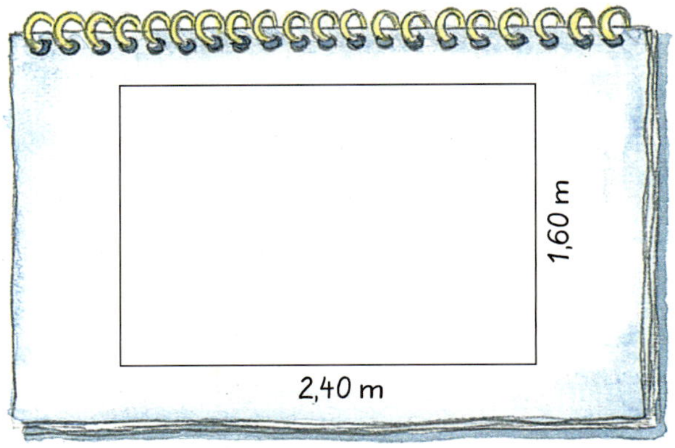

2 Der Balkon von Familie Köhler soll gefliest werden.

a) Welche Fliesengröße kommt in Frage?

b) Wie viele Fliesen werden davon benötigt?

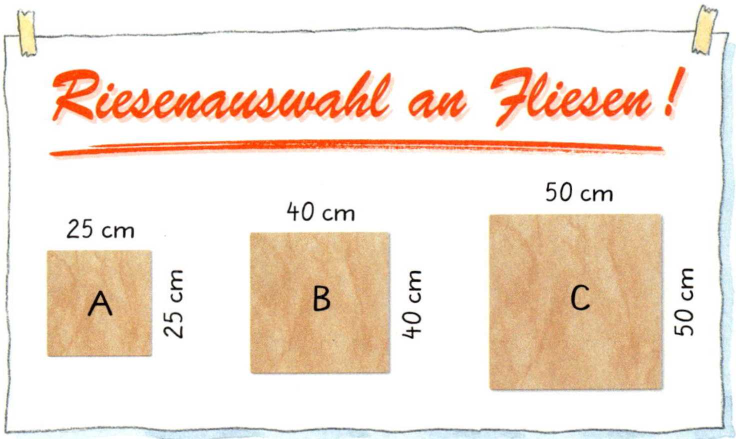

3 Kathrins Kinderzimmer ist rechteckig und 4 m lang und 3 m breit.

a) Wie viele XL-Fliesen braucht man, um den Boden von Kathrins Kinderzimmer auszulegen?

b) Kathrins Freundin Natalie meint: „Von den L-Fliesen hätte man doppelt so viele gebraucht, denn sie sind nur halb so lang und breit wie die XL-Fliesen.“
Stimmt das?

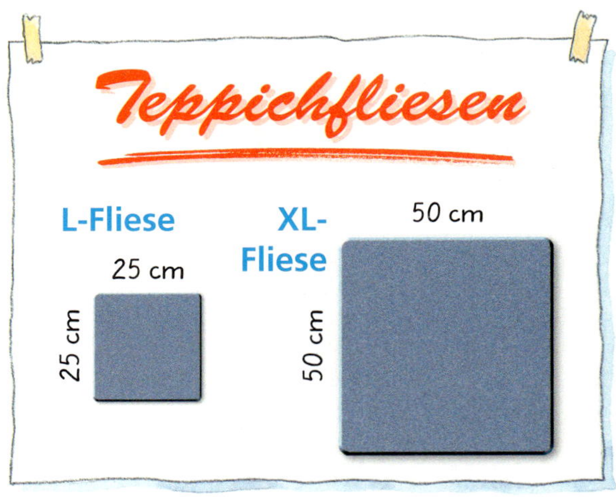

4 Stellt ein Quadrat her: jede Seite 1 m lang.

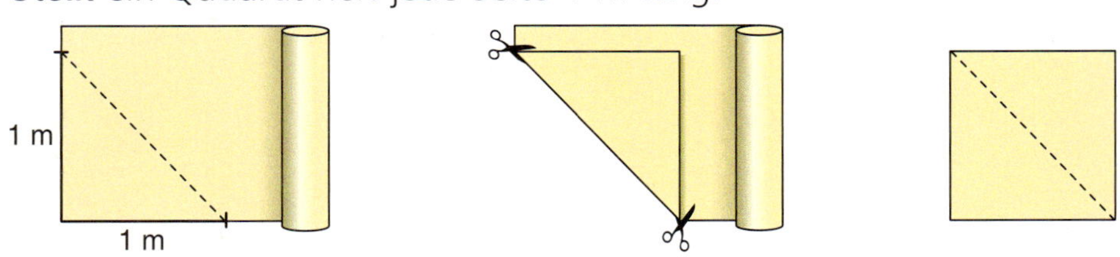

Papier abrollen.
Von einer Ecke zu beiden Seiten 1 m abmessen.
Punkte verbinden.

Entlang der Linie falten.
Entstandenes Dreieck ausschneiden.
Dreieck aufklappen.

5 Legt mit euren Quadraten verschiedene Flächen (Flur, Pausenhalle, Turnhalle, …) aus.

6 Legt auf dem Schulhof Flächen mit 6 Quadraten (12 Quadraten, 20 Quadraten).

1

2 Kann das sein?

3

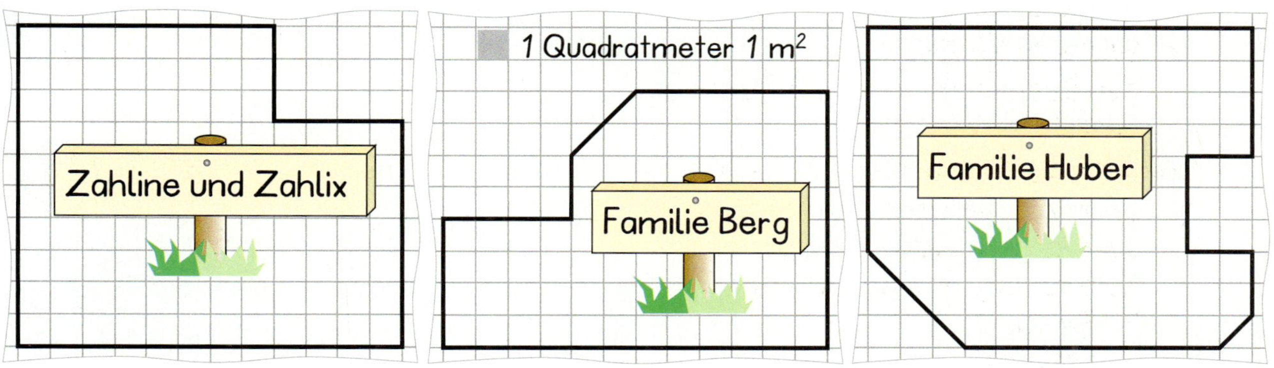

Jedes Kästchen auf dem Plan ist in Wirklichkeit ein Quadratmeter groß.

a) Die Kinder haben ausgerechnet, wie groß der Garten von Zahlix und Zahline ist. Wie haben sie gerechnet?

b) Wie groß ist der Garten von Familie Berg?

c) Wie groß ist der Garten von Familie Huber?

4 Zeichne verschiedene Gärten mit dieser Fläche:

a) $60\ m^2$ b) $50\ m^2$ c) $80\ m^2$ d) $100\ m^2$

1 Zahlix und Zahline teilen ihren Garten auf: Sie wollen ein Gartenhaus bauen.
Es ist 4 m lang und 3 m breit. Sie wollen auch eine Terrasse haben. Sie soll 12 m^2 groß sein.

a) Zahlix hat seinen Plan schon fertig. Wie groß ist die restliche Fläche des Gartens?

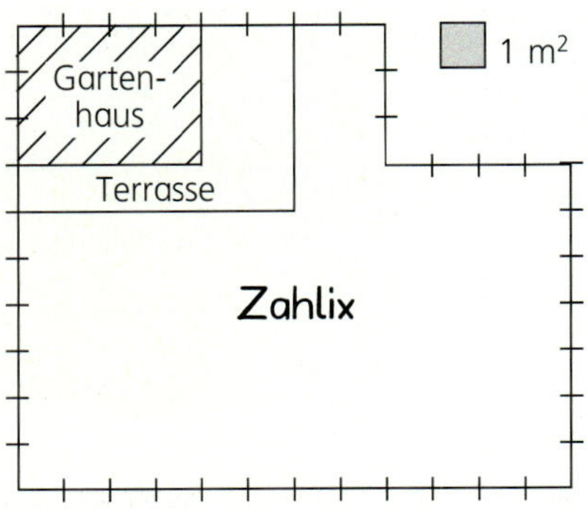

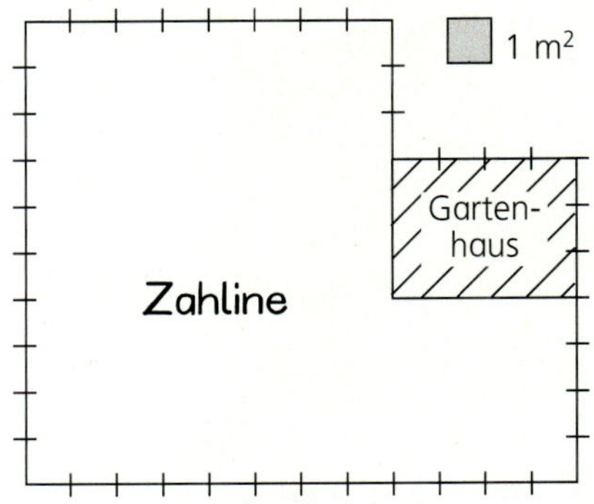

b) Zeichne den Plan von Zahline in dein Heft. Zeichne auch eine Terrasse.
Wie groß ist die restliche Fläche des Gartens?

2 a) Zeichne den Garten von Zahlix und Zahline in dein Heft.
Mache einen anderen Vorschlag für das Gartenhaus und die Terrasse.

b) Wie groß ist die restliche Fläche des Gartens?
In der einen Hälfte davon wird Gemüse angepflanzt, in der anderen Hälfte wird Rasen eingesät. Färbe ein.

3 Teile diese Gärten auf: Gartenhaus 4 m lang, 3 m breit, Terrasse 12 m^2 groß.
Restliche Fläche: zur Hälfte Gemüse, zur Hälfte Rasen.

a)

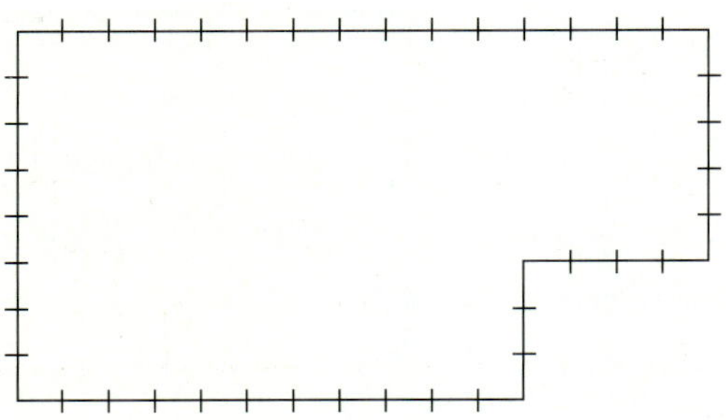

b)

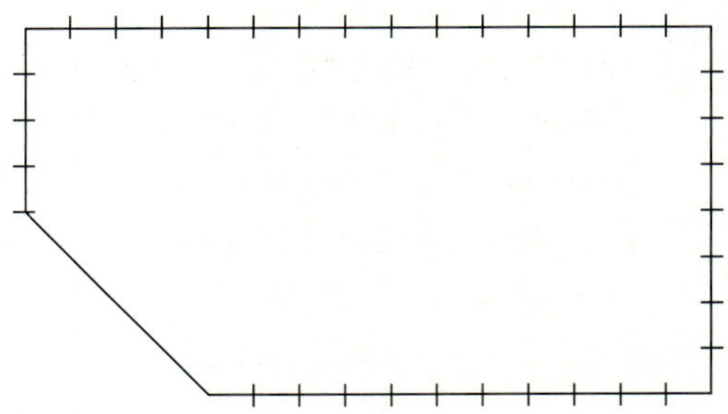

4 So wollen Familie Gröne und Familie Teppe ihre Gärten aufteilen. Zeichne die Gärten und färbe die Flächen ein. Wie groß ist jeweils die Rasen-Fläche?

a) Familie Gröne

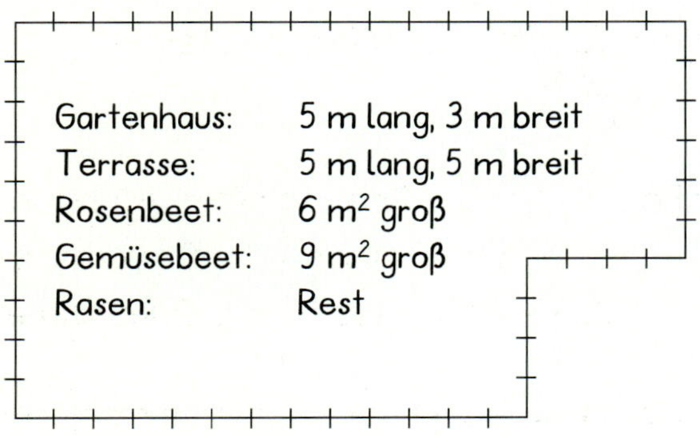

b) Familie Teppe

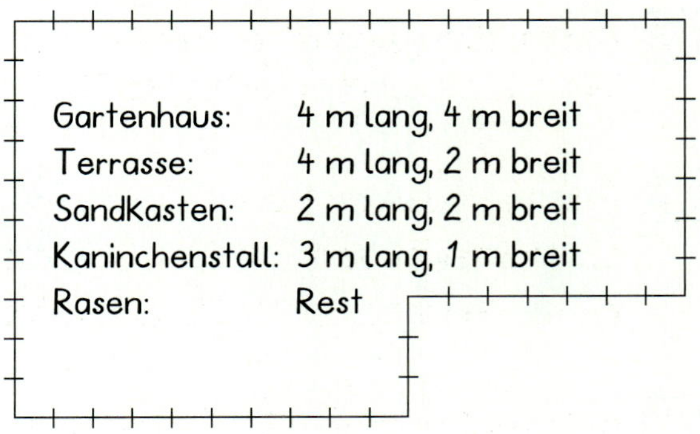

5 Zeichne deinen Lieblingsgarten. Er soll nicht größer als 120 m^2 sein.
Was soll alles in deinem Garten Platz finden? Zeichne und färbe es ein.
Bestimme die Größe der abgetrennten Flächen.

1 Um den Garten von Familie Schmitt soll ein Zaun gezogen werden.

a) Berechne den Umfang des Gartens.

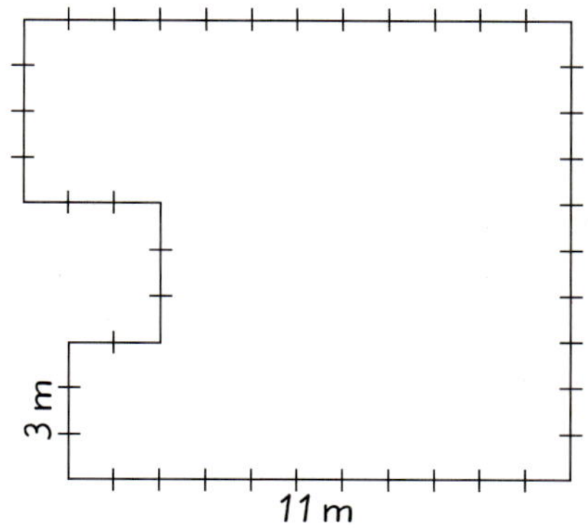

b) Für das Gartentor wird 1,20 m Platz gelassen. Wie viel Meter Zaun werden gebraucht?

2 Flocke und Socke sind Zahlines Zwergkaninchen.
Sie sollen einen großen Auslauf bekommen. Zahline legt mit Streichhölzern den Zaun.
Für jeden Meter legt sie ein Streichholz. Wie groß ist der Umfang?
Zahline meint: „Die Fläche ist jedesmal 9 Quadratmeter groß."
Stimmt das?

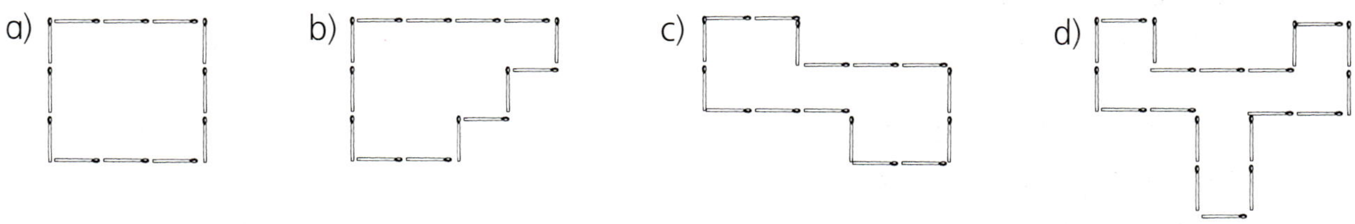

3 Ein Streichholz für 1 m Zaun: Wie groß ist der Umfang?
Wie viel Quadratmeter ist die Fläche groß?

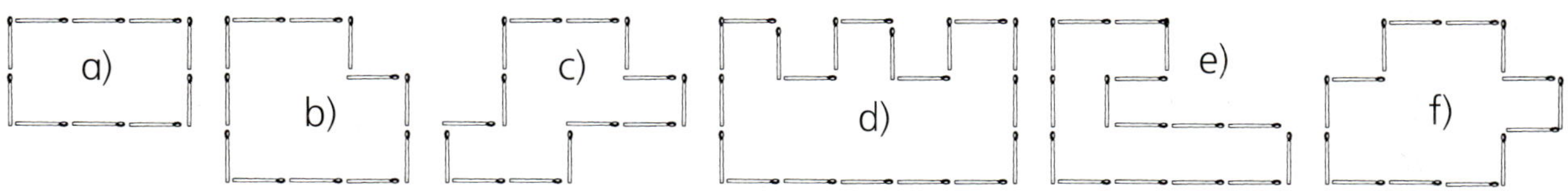

4 Zäune eine Fläche mit Streichhölzern ein. Nimm ein Streichholz für 1 m Zaun.

a) Die Fläche soll 16 m^2 groß sein. b) Die Fläche soll 12 m^2 groß sein.

Es gibt mehrere Möglichkeiten. Wie viele Streichhölzer brauchst du? Wie groß ist der Umfang?

5 Nimm 20 Streichhölzer. Zäune eine Fläche ein. Es gibt viele Möglichkeiten.
Wie viel Quadratmeter ist die Fläche jeweils groß?

6 Findest du solche Flächen? So viele Streichhölzer / So viel Quadratmeter groß sind sie.

a) 12 Streichhölzer / 8 Quadratmeter
b) 12 Streichhölzer / 9 Quadratmeter
c) 20 Streichhölzer / 16 Quadratmeter
d) 18 Streichhölzer / 8 Quadratmeter

7 a) Diese Fläche ist 15 m^2 groß. Wie groß ist der Umfang? (ein Streichholz für 1 m Zaun)?

b) Die Fläche soll doppelt so groß werden. Wie viele Streichhölzer brauchst du mehr? Es gibt mehrere Möglichkeiten.

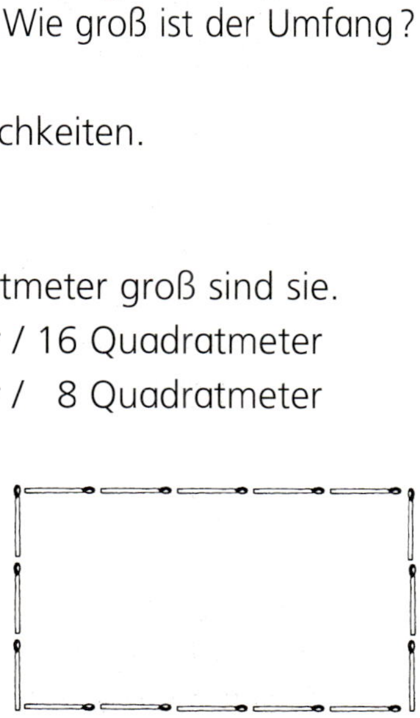

1 Lege die Figur mit Streichhölzern nach. Vergrößere sie dann. Jede Seite soll doppelt so lang sein. Wie viele Streichhölzer brauchst du für die Figur? Wie viele für die vergrößerte Figur?

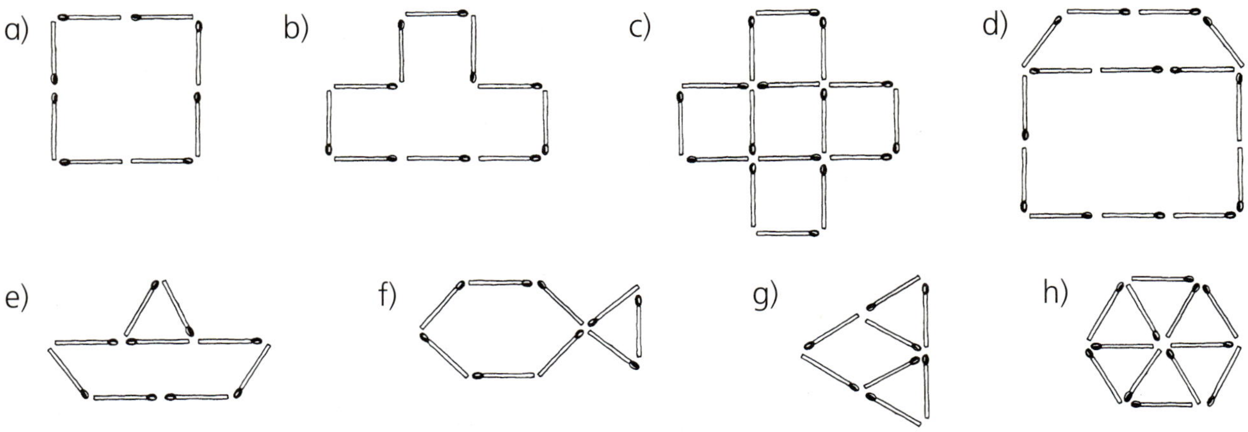

2 a) Lege mit Streichhölzern ein Rechteck. Deine Partnerin legt es nach, aber jede Seite doppelt so lang.

b) Ein Streichholz bedeutet 1 m Länge. Wie groß ist der Umfang eurer Rechtecke?

c) Wie viel Quadratmeter groß ist die Fläche eurer Rechtecke?

3 Übertrage die Figur in dein Heft. Zeichne jede Seite doppelt so lang.

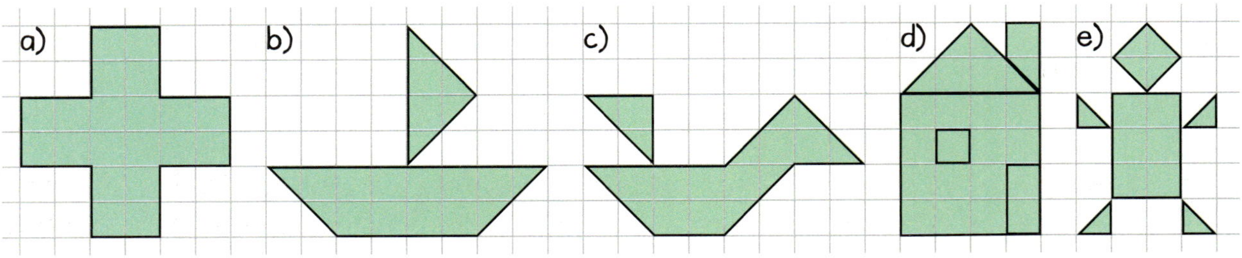

4 Übertrage die Buchstaben in dein Heft. Zeichne aber jede Seite doppelt so lang.

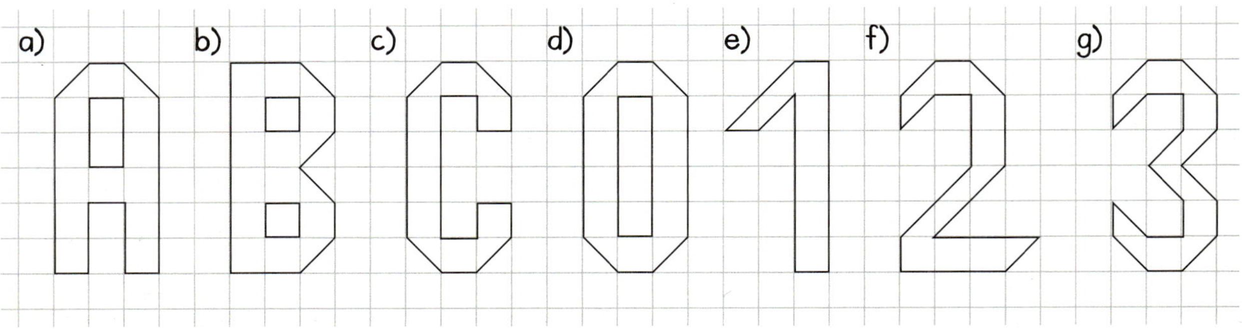

5 Übertrage die Muster in dein Heft. Zeichne jede Seite doppelt so lang.

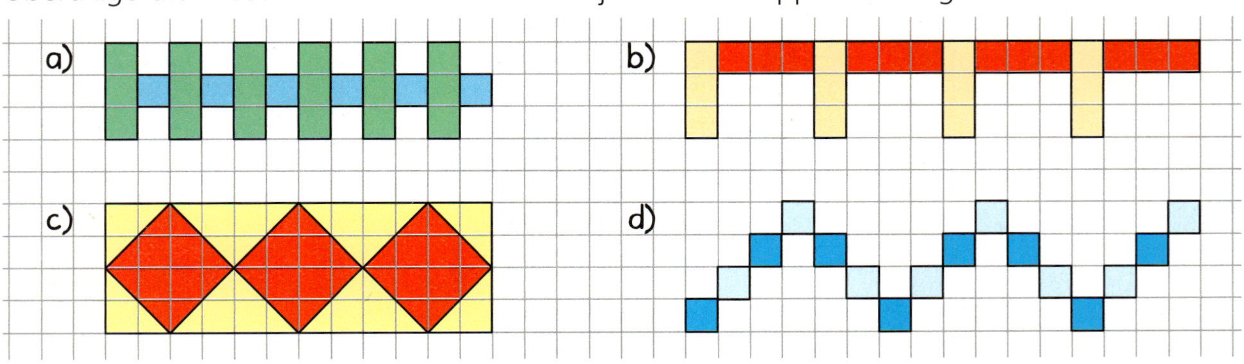

1 Welches Windrad entsteht, wenn Katja bläst?

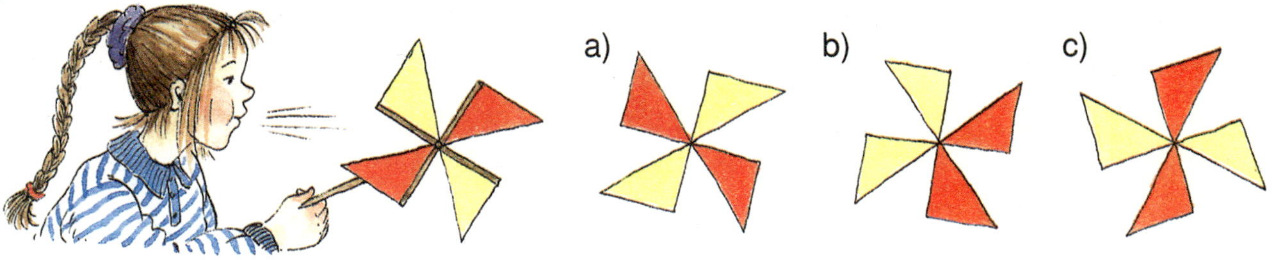

2 Zeichne wie im Beispiel. Drehe die Figur dreimal nach links. Immer eine Vierteldrehung.

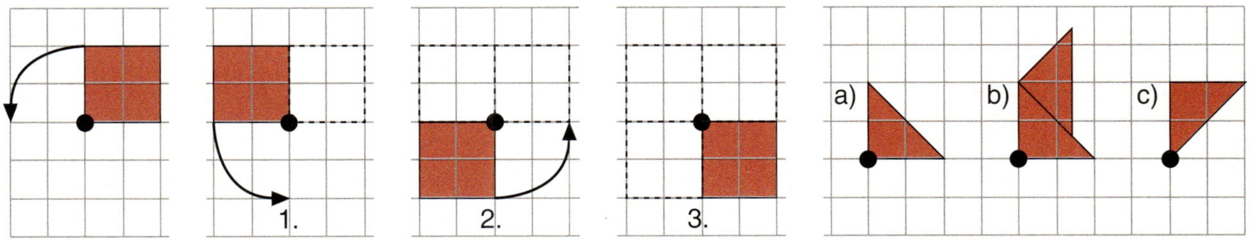

3 Zeichne zu jeder Figur das Drehbild. Drehe immer dreimal nach links.
Immer eine Vierteldrehung.

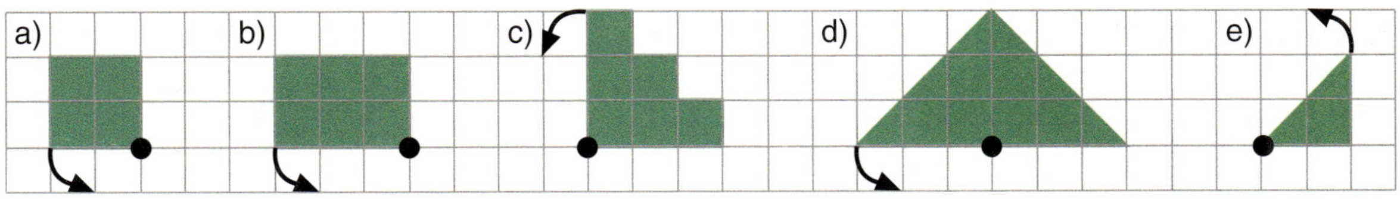

4 Nimm ein quadratisches Plättchen. Lege es in dein Heft, zeichne den Umriss und verschiebe es der Reihe nach. 3 cm nach oben, 3 cm nach rechts, 3 cm nach unten, 3 cm nach links. Wo bist du angekommen?

5 Zeichne und verschiebe um 3 cm nach rechts:

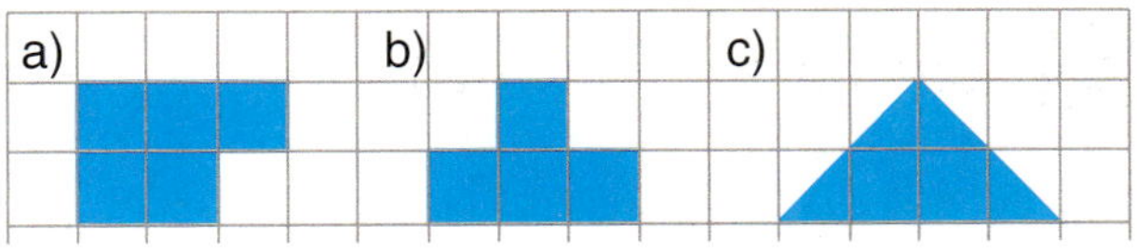

6 Wie wurde verschoben? Schreibe Länge und Richtung auf.

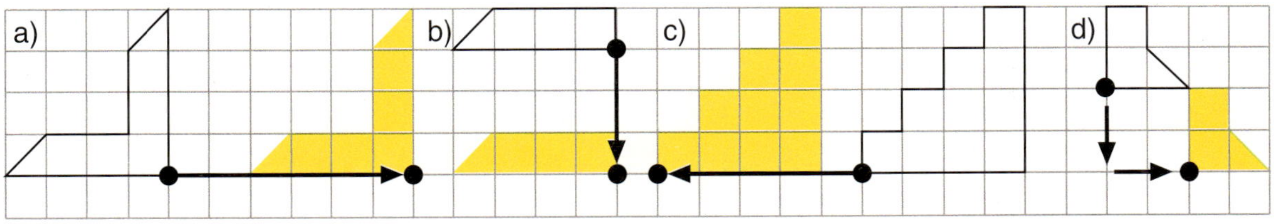

7 Stelle dir eine solche Schablone her.

Löse die Aufgaben und sammle die Schätze.
4 · 6
8 · 7
10 · 12
zusammen
200
Komm mit mir! Wo gehen wir lang?
60 · 7
50 · 8
30 · 6
zusammen 1000
10 · 40
10 · 24
10 · 336
zusammen
4000
10 · 250
10 · 205
10 · 45
zusammen
5000
60 · 9 – 3
80 · 4 – 3
25 · 6 – 4
zusammen
1000
8 · 60
3 · 80
7 · 40
zusammen
1000
100 H
10 T
1 ZT
3 · 600
2 · 700
2 · 900
zusammen 5000
4 · 6 H
6 · 8 H
7 · 4 H
zusammen 1 ZT
4 · 4 T
4 · 5 T
4 · 6 T
zusammen
6 ZT
6 · 4000
8 · 7000
4 · 5000
zusammen
100000
9 · 5000
5 · 400
50 · 60
zusammen
50000
60 · 800
400 · 50
80 · 400
zusammen
100000
Hast du mir was mitgebracht?

1 a) 4 · 7 T
4 · 7 000

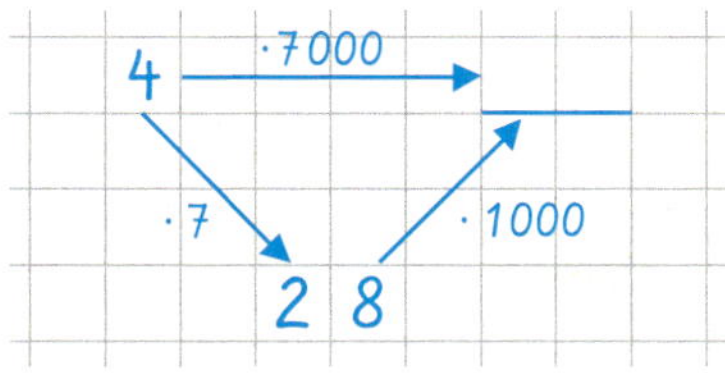

b) 6 · 3 T
6 · 3 000

c) 7 · 10 T
7 · 10 000

d) 9 · 8 T
9 · 8 000

2
a) 5 · 9 000
7 · 6 000

b) 3 · 8 000
6 · 6 000

c) 3 · 6 000
8 · 4 000

d) 10 · 3 000
7 · 5 000

e) 10 · 4 000
5 · 6 000

3
a) 3 · 60 000
5 · 40 000
2 · 20 000

b) 7 · 10 000
4 · 50 000
9 · 30 000

c) 10 · 10 000
6 · 80 000
8 · 20 000

d) 5 · 90 000
6 · 30 000
7 · 10 000

e) 3 · 40 000
9 · 20 000
5 · 70 000

4 a) 6 · 4 H
6 · 400

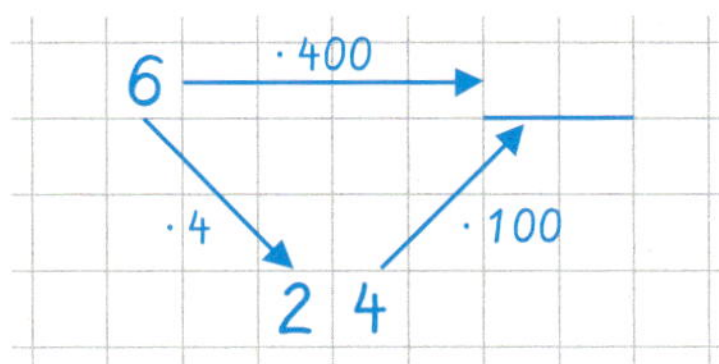

b) 2 · 9 H
2 · 900

c) 10 · 3 H
10 · 300

d) 4 · 7 H
4 · 700

e) 10 · 8 H
10 · 800

5
a) 8 · 200
9 · 700
10 · 200

b) 5 · 900
6 · 700
4 · 400

c) 500 · 5
300 · 4
800 · 9

d) 700 · 8
400 · 10
900 · 9

e) 100 · 10
500 · 6
800 · 5

6

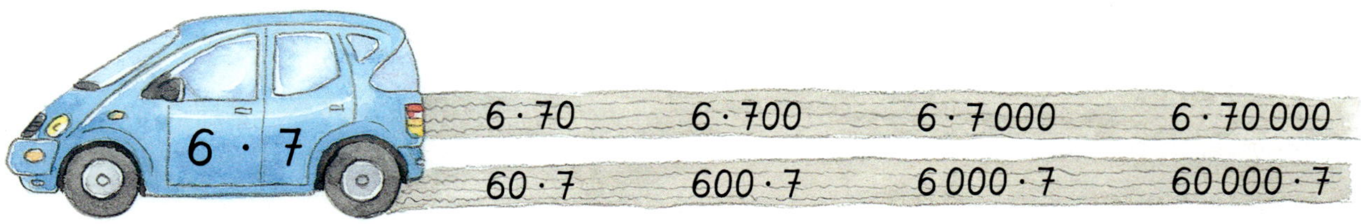

7 Welche Spuren hinterlassen diese Autos?

a)

b)

c)

d)

8
a) 4 · 7 000
4 · 8
4 · 7 008

b) 10 · 8 000
10 · 6
10 · 8 006

c) 6 · 60 000
6 · 9
6 · 60 009

d) 3 · 90 000
3 · 5
3 · 90 005

e) 5 · 40 000
5 · 8
5 · 40 008

9
a)

•	9000	5	
8			
2			

b)

•	4000	75	
1			
9			

c)

•		60	
6			
4			
			7600

10 Erfinde mit deinem Partner Malifanten-Aufgaben.

Weitere Übungen Seite 133

1 a) 7 · 500 / 70 · 50 b) 6 · 300 / 60 · 30 c) 2 · 900 / 20 · 90 d) 10 · 600 / 100 · 60 e) 10 · 900 / 100 · 90

2 a) 9 · 400 / 90 · 40 b) 4 · 700 / 40 · 70 c) 10 · 300 / 100 · 30 d) 5 · 500 / 50 · 50 e) 8 · 800 / 80 · 80

3 a) 30 · 70 / 80 · 70 b) 60 · 40 / 40 · 60 c) 40 · 80 / 90 · 80 d) 100 · 90 / 90 · 90 e) 40 · 40 / 100 · 40

4 a) 10 · 600 / 30 · 600 b) 10 · 400 / 30 · 400 c) 10 · 900 / 60 · 900 d) 10 · 100 / 70 · 100 e) 10 · 1 000 / 30 · 1 000

5

a) 80 · 300 / 70 · 400 / 30 · 600 b) 600 · 70 / 800 · 30 / 900 · 90

c) 50 · 3 000 / 60 · 600 / 10 · 90 d) 7 000 · 70 / 500 · 100 / 9 000 · 3

6 a)

•	70	30	
60			
4			

b)

•	40		
10		600	
9			

c)

•	300	700	
20			
8			

7 a)

100 000
100 · 1 000
500 · 200
100 · 100 · 10

b)

1 Million
1 000 · 1 000
100 · 100 · 100

Weitere Übungen Seite 133

Dracula tanzt Rock'n' Roll.

Wer hat Angst vor a) ________ ? Wer hat Angst vor Dracula,
wenn er erwacht um b) ________ ? Die Uhr schlägt c) ________
Was ist denn das? Verflixt nochmal, da rührt sich was.
Da klappert eine d) ________ wie toll. Herr Dracula e) ________ Rock'n' Roll
Bei Nacht, bei Nacht, bei Nacht, bei Nacht,
im Schi-Scha-Schu-bi-dupp f) ________ .

a)
6 · 400
7 · 300
2 · 800
90 · 20
60 · 70
50 · 80
40 · 40

b)
4 998 + 4
1 200 + 800
5 050 + 300
2 350 + 3 000
2 500 + 1 400
2 080 + 20
4 970 + 40
700 + 900
1 650 + 150
4 999 + 23
5 325 + 25

c)
10 000 − 3 000
8 100 − 900
5 200 − 11
7 000 − 3 000
5 409 − 300

d)
5 501 − 400
5 000 − 1 100
5 300 − 99
4 003 − 2 003
3 900 − 300
3 674 − 74

e)
9 · 600 − 50
2 · 900 − 200
10 · 500 + 10
20 · 300 + 1 000
90 · 60 − 50

f)
90 · 50 + 502
7 · 700 + 100
10 · 500 + 10
1 200 · 2 + 0
70 · 60 − 300
60 · 100 − 990
50 · 60 + 600
300 · 5 + 300
2 500 · 2 + 22
90 · 40 + 300
30 · 70 − 100
50 · 100 + 10

1600 = A	1800 = C	2000 = I	2100 = R	2400 = D	3600 = S	3900 = E	4000 = L
4200 = U	5000 = O	5002 = M	5010 = N	5022 = H	5101 = G	5109 = F	
5189 = Ö	5201 = B	5350 = T	7000 = Z	7200 = W			

1 a) An welchen Tagen wird das Kindermusical gezeigt?
b) Um wie viel Uhr beginnt es?
c) Wie teuer ist der Eintritt in der Preisgruppe 2?
d) Wie viele Sitzplätze gibt es in Preisgruppe 1?
e) Wie viele Sitzplätze gibt es insgesamt?

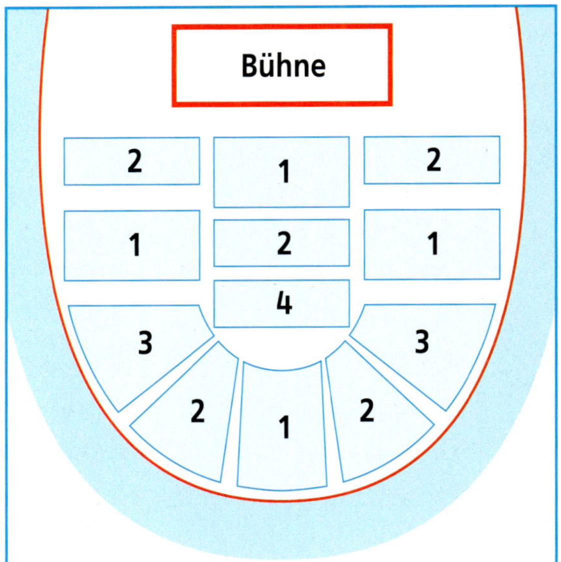

Preisgruppe	Eintritt	Sitzplätze
1	26 €	2 600
2	24 €	2 400
3	20 €	1 500
4	16 €	1 000

2 a) Am 4. Februar wurden alle Karten der Preisgruppe 4 verkauft. Wie viel Euro wurden dafür eingenommen?
b) Auch die Preisgruppe 3 war ausverkauft.
c) In der Preisgruppe 2 wurden 2 200 Karten verkauft.

Karten	1	100	200	2 000
Einnahme	24 €			

d) In der Preisgruppe 1 wurden 2 100 Karten verkauft.
e) Wie viel Euro wurden insgesamt eingenommen?

3 Am 5. Februar wurden so viele Karten verkauft:

Preisgruppe	1	2	3	4
Karten	2 200	2 100	1 300	700

Wie viel Euro wurden für jede Preisgruppe eingenommen?
Eine Rechentabelle kann dir helfen.

4 Am 5. Februar gab es noch viele freie Plätze. Wie viele waren es?

5 Am 6. Februar wurden so viele Karten verkauft. Wie viel Euro wurden für jede Preisgruppe eingenommen?
Eine Rechentabelle kann dir helfen.

Preisgruppe	1	2	3	4
Karten	2 300	2 200	1 400	900

6 Eine Viertelstunde vor Vorstellungsbeginn wurden die Karten für den halben Preis verkauft. Am 6. Februar wurden noch 70 Karten der Preisgruppe 1 und je 40 Karten der Preisgruppen 2 und 3 verkauft.
a) Wie viel Euro wurden mit diesen ermäßigten Karten noch eingenommen?
b) Wie viele Plätze blieben noch frei?

Richtung Ginnheim

16	Montag – Freitag								
Offenbach Stadtgrenze	13.39	13.49	13.59	14.06	14.18	14.28		15.18	15.28
Buchrainstraße	13.43	13.53	14.03	14.12	14.22	14.32		15.22	15.32
Balduinstraße	13.45	13.55	14.05	14.14	14.24	14.34		15.24	15.34
Mühlberg	13.46	13.58	14.08	14.17	14.27	14.37		15.27	15.37
Lokalbahnhof	13.50	14.00	14.10	14.19	14.29	14.39		15.29	15.39
Südbahnhof	13.53	14.03	14.13	14.22	14.32	14.42		15.32	15.42
Schweizer Gartenstraße	13.56	14.06	14.16	14.26	14.36	14.46		15.36	15.46
Stresemannallee/Gartenstr.	14.00	14.10	14.20	14.30	14.40	14.50	alle 10 Minuten	15.40	15.50
Hauptbahnhof	14.04	14.14	14.24	14.34	14.44	14.43		15.44	15.54
Festhalle/Messe	14.09	14.19	14.29	14.39	14.49	14.59		15.49	15.59
Bockenheimer Warte	14.14	14.24	14.34	14.45	14.55	15.05		15.55	16.05
Frauenfriedenskirche	14.17	14.27	14.37	14.48	14.58	15.08		15.58	16.08
Markus-Krankenhaus	14.19	14.29	14.39	14.50	15.00	15.10		16.00	16.10
Ginnheim	14.21	14.31	14.41	14.52	15.02	15.12		16.02	16.12

1 Jonas wohnt mit seinen Eltern in der Buchrainstraße. Heute will er in der Festhalle das Kindermusical sehen. Jonas und seine Mutter fahren mit der Straßenbahn.

Um welche Uhrzeiten fährt die Bahn von der Buchrainstraße in Richtung Festhalle?

2 Jonas geht mit seiner Mutter um 14.00 Uhr von zu Hause los. Sie gehen 5 Minuten zu Fuß bis zur Haltestelle der Straßenbahn.

a) Wann fährt die nächste Bahn zur Festhalle?

b) Wann kommt die Bahn dort an?

c) Wie lange dauert die Fahrt?

3 Jonas Freund Kevin fährt mit seiner Mutter zur Festhalle. Kevin wohnt am Lokalbahnhof. Sie steigen in dieselbe Bahn wie Jonas.

a) Um wie viel Uhr steigen Kevin und seine Mutter in die Bahn?

b) Wie lange fahren Jonas und Kevin gemeinsam Bahn?

4 Jonas Vater arbeitet am Südbahnhof. Heute muss er bis halb drei arbeiten. Er erreicht die nächste Bahn und fährt zur Festhalle.

a) Wann fährt seine Bahn ab?

b) Wann ist er an der Festhalle?

c) Wie lange haben die anderen dort auf ihn gewartet?

5 Das Musical beginnt um 15.00 Uhr und dauert eineinhalb Stunden.

Kartei

a) Wann ist das Musical zu Ende?

b) Um wie viel Uhr fährt die nächste Bahn zurück?

c) Jonas wird um 17.00 Uhr zum Fußball-Training abgeholt. Schafft er das?

d) Kevin hat sich um 17.30 Uhr mit Jan verabredet. Wann muss er spätestens losfahren?

Richtung Offenbach Stadtgrenze

16	Montag – Freitag						
Ginnheim	14.28	14.38		17.58	18.08	18.18	18.28
Markus-Krankenhaus	14.29	14.39		17.59	18.09	18.19	18.29
Frauenfriedenskirche	14.31	14.41		18.01	18.11	18.21	18.31
Bockenheimer Warte	14.34	14.44		18.04	18.14	18.24	18.34
Festhalle/Messe	14.39	14.49		18.09	18.19	18.29	18.39
Hauptbahnhof	14.45	14.55		18.15	18.25	18.35	18.45
Stresemannallee/Gartenstr.	14.49	14.59	alle 10 Minuten	18.20	18.29	18.39	18.49
Schweizer Gartenstraße	14.53	15.03		18.23	18.33	18.43	18.53
Südbahnhof	14.57	15.07		18.27	18.37	18.47	18.57
Lokalbahnhof	15.00	15.10		18.30	18.40	18.50	19.00
Mühlberg	15.02	15.12		18.32	18.42	18.52	19.02
Balduinstraße	15.05	15.15		18.35	18.45	18.55	19.05
Buchrainstraße	15.07	15.17		18.37	18.47	18.57	19.07
Offenbach Stadtgrenze	15.12	15.22		18.42	18.52	19.02	19.12

1
a) 3 · 7 040
3 · 8 060
9 · 4 020

b) 7 · 450
8 · 530
4 · 690

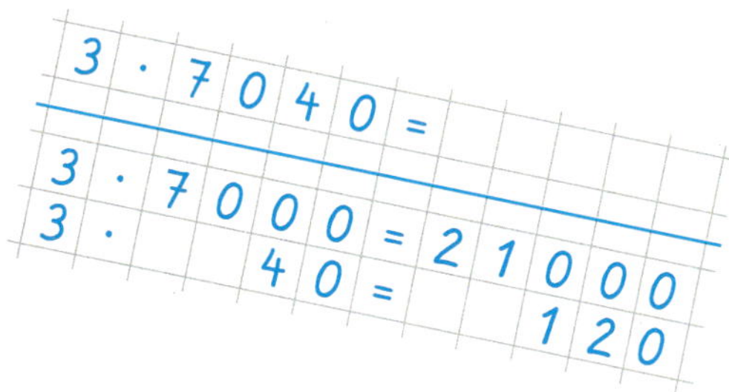

2 Schau genau hin.

a) 4 · 6 008
4 · 6 080

b) 8 · 3 090
3 · 7 800

c) 6 · 4 070
8 · 6 004

d) 7 · 406
9 · 880

e) 8 · 940
6 · 807

2 842 4 842 7 520 7 920 23 400 24 032 24 320 24 420 24 720 42 032 48 032

3
a) 70 · 3 009
70 · 3 900

b) 90 · 3 060
30 · 7 007

c) 50 · 5 400
90 · 2 007

d) 60 · 509
30 · 870

e) 40 · 660
50 · 502

25 100 26 100 26 400 30 400 30 540 180 630 210 210 210 630 270 000 273 000 275 400

4

a) 4 · 6 999
5 · 4 999
8 · 1 999

b) 2 · 399
6 · 699
5 · 599

c) 19 · 4 000
19 · 9 000
29 · 5 000

d) 19 · 800
29 · 600
59 · 200

5 Achte auch auf Wecker-Aufgaben.

a) 2 · 5 999
3 · 4 006

b) 40 · 8 002
19 · 8 000

c) 90 · 202
19 · 700

d) 6 · 408
2 · 799

e) 40 · 602
39 · 600

1 598 2 448 11 998 12 018 13 300 18 180 23 400 24 080 152 000 180 048 320 080

6 Rechne und vergleiche die Ergebnisse.

a) (400 + 300) · 8
400 + (300 · 8)

b) (2 000 + 800) : 4
2 000 + (800 : 4)

c) (5 000 – 500) + 5
5 000 – (500 + 5)

d) (3 000 – 600) – 3
3 000 – (600 – 3)

7 Setze Klammern. Das Ergebnis soll immer 10 000 sein.

a) 2 · 2 500 + 2 500
b) 4 000 + 1 000 · 2
c) 14 000 – 9 000 · 2
d) 24 000 – 4 000 : 2
e) 15 000 – 2 500 + 2 500
f) 6 000 + 14 000 : 2
g) 4 000 · 4 – 6 000
h) 15 000 – 10 000 · 2
i) 13 000 – 2 000 + 1 000

8 Hier musst du bei einigen Aufgaben zweimal Klammern setzen.

a) 4 000 + 1 000 · 20 – 16 = 20 000
b) 6 000 : 2 + 4 + 12 500 = 13 500
c) 8 000 – 400 · 5 + 6 · 400 = 40 400
d) 7 210 – 7 010 · 724 – 624 = 20 000
e) 2 900 – 900 + 30 000 – 6 000 = 26 000
f) 4 000 · 10 – 6 – 8 000 + 2 000 = 10 000

1 Bilde mit den Zahlen auf der Tafel viele Mal-Aufgaben.
Entscheide bei jeder Aufgabe neu, ob sie für dich leicht oder schwer ist.
Rechne die leichten Aufgaben aus.

2

3 Rechne nur die leichten Aufgaben.

a)
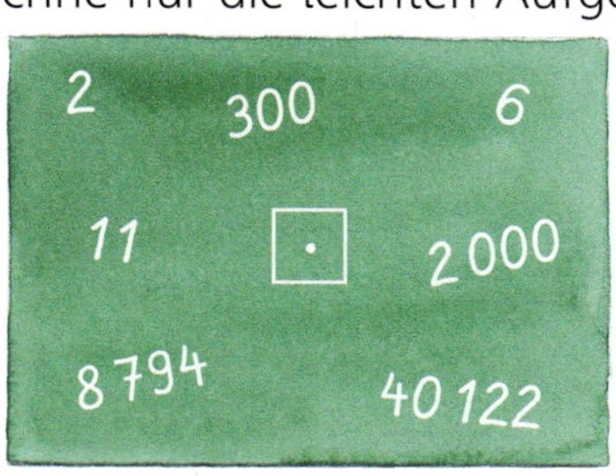

b)

c)

1 Zahlix und Zahline rechnen die Aufgabe 648 · 4 auf verschiedene Weise. Erkläre.

2

a) 8 5 7 · 3 b) 7 4 2 · 7 c) 6 9 3 · 4 d) 2 9 7 · 5

e) 1 7 8 5 · 5 f) 2 3 6 8 · 7 g) 8 9 3 6 · 8 h) 9 6 4 3 · 6

1 485 2 571 2 772 5 194 8 925 16 576 34 624 57 858 71 488

3

a) 938 · 6, 587 · 7 b) 325 · 9, 874 · 8 c) 1 258 · 6, 2 358 · 8 d) 1 179 · 7, 2 587 · 3 e) 5 897 · 8, 9 912 · 2

2 925 4 109 5 628 6 992 7 548 7 761 8 253 18 864 19 824 35 382 47 176

4

a) 9 481 · 7, 8 186 · 5 b) 7 819 · 9, 8 736 · 6 c) 12 879 · 6, 48 713 · 2 d) 23 874 · 4, 19 237 · 5 e) 32 598 · 3, 11 987 · 7

40 930 52 416 66 367 70 371 76 432 77 274 83 909 95 496 96 185 97 426 97 794

5 Achte beim Multiplizieren auf die Nullen!

a) 6 140 · 6, 3 410 · 7, 4 980 · 8

6 1 4 0 · 6
3 6 8 4 0

b) 4 095 · 7, 3 501 · 9, 6 308 · 5 c) 2 004 · 7, 8 509 · 4, 9 100 · 6 d) 10 360 · 8, 15 007 · 4, 14 080 · 5

14 028 23 870 28 665 31 509 31 540 34 036 36 840 39 840 50 310 54 600 60 028 70 400 82 880

6 Zahlix hat Zahlen ausgewischt.

a) ■ 4 8 7 · 4 = 9 ■ ■ ■
b) ■ 4 0 7 · 8 = 1 1 ■ ■ ■
c) ■ 6 5 8 · 7 = 2 5 ■ ■ ■
d) ■ 0 9 6 · 6 = 2 ■ ■ ■ ■
e) ■ 8 0 4 · 9 = 3 ■ ■ ■ ■

7 Welche Fehler haben die Kinder gemacht?

a) 3 8 2 7 · 3 = 9 4 6 1
b) 1 7 2 6 · 4 = 4 2 8 8 2 4
c) 4 2 0 0 3 · 7 = 2 9 4 2 1
d) 7 2 0 7 · 6 = 4 9 2 4 8

Weitere Übungen Seite 133

1 Großbritannien ist eine Insel. England ist ein Teil von Großbritannien. Die kürzeste Schiffverbindung geht von Calais in Frankreich bis nach _____.

13461 · 5
11280 · 2
10460 · 3
19344 · 2
12612 · 6

2 Vor 2 000 Jahren haben die Römer England erobert. Sie haben einige Städte mit römischen Bädern gebaut. In _____ kann man heute noch Überreste dieser Bäder finden. Übersetzt bedeutet der Name der Stadt Bad.

1 326 · 7
3 970 · 4
1 203 · 8
3 621 · 2

3 Die Engländer lieben Sport. Sie haben viele berühmte Sportarten erfunden. Dazu gehören Golf, Rugby und Fußball. Vor allem in Nordengland gibt es viele große Fußballvereine. Die bekanntesten sind in a) _____ und b) _____.

a)	b)
1 229 · 8	5 643 · 3
3 724 · 4	7 940 · 2
5 230 · 6	6 464 · 3
4 836 · 8	4 576 · 5
9 459 · 8	1 207 · 6
2 803 · 9	9 672 · 4
5 640 · 4	4 236 · 7
3 760 · 6	4 812 · 2
4 916 · 2	6 448 · 6
	8 408 · 9

7 242	9 282	9 624	9 832	14 896	15 880
H	B	T	L	I	A
16 929	19 392	22 185	22 560	22 880	25 227
M	N	O	O	C	P
29 652	31 380	38 688	51 156	67 305	75 672
S	V	E	G	D	R

4 Um die Stadt _____ liegt der Sherwood Forest. Hier soll Robin Hood gelebt haben.
Das Schloss des bösen Sheriffs kann man auch heute noch besichtigen.

4 848 · 4
4 437 · 5
1 604 · 6
1 203 · 8
2 128 · 7
2 424 · 8
5 684 · 9
2 414 · 3
1 985 · 8
1 881 · 9

Überschlag

1

a) 493 · 6
b) 1 034 · 4
c) 493 · 8
d) 1 987 · 7
e) 6 235 · 5

2 In jedem Päckchen sind drei Produkte falsch. Das kannst du durch den Überschlag schnell herausfinden. Wie heißen die richtigen Ergebnisse?

a)	b)	c)
695 · 7 = 4 865	817 · 4 = 2 668	2 057 · 9 = 16 513
298 · 6 = 1 988	523 · 7 = 3 661	4 109 · 6 = 23 654
787 · 8 = 6 496	919 · 3 = 2 457	5 124 · 5 = 25 620
385 · 5 = 1 925	289 · 8 = 2 412	8 079 · 7 = 56 553
924 · 7 = 7 468	632 · 6 = 3 792	3 908 · 4 = 16 632

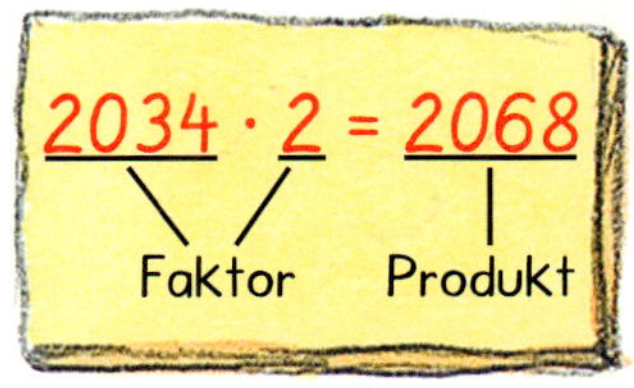

3 Mit Ariane 7 in die Welt der Zahlen. Überlege zuerst, welche Zahlen du tanken musst.

Dann rechne aus, wo du genau landest.

a) Du sollst unter 5 000 landen.
b) Du sollst über 15 000 landen.
c) Du sollst zwischen 7 000 und 10 000 landen.
d) Du sollst über 30 000 landen.

4 Nun darfst du selbst passende Zahlen als Treibstoff für Ariane 7 tanken. So weit soll die Rakete fliegen. Gib drei passende Zahlen an und rechne, wo Ariane genau landet.

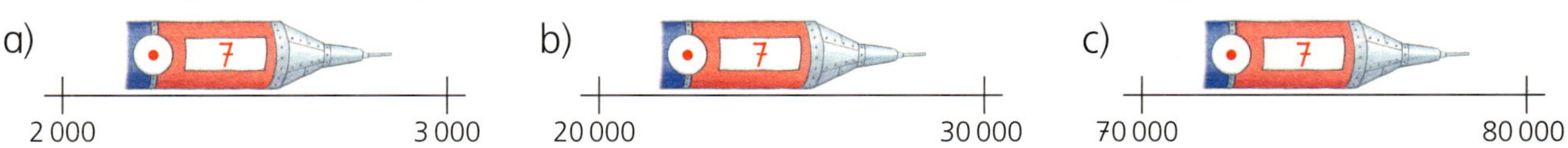

5 a) Ariane 7 soll möglichst nahe bei 1 000 landen. Welche Zahl passt?
b) Ariane 7 soll möglichst nahe bei 10 000 landen.
c) Möglichst nahe bei 100 000, schafft ihr das?

6 Ihr sollt im Zielgebiet landen. Welche Rakete nehmt ihr? Welche Zahl tankt ihr? Es gibt mehrere Möglichkeiten.

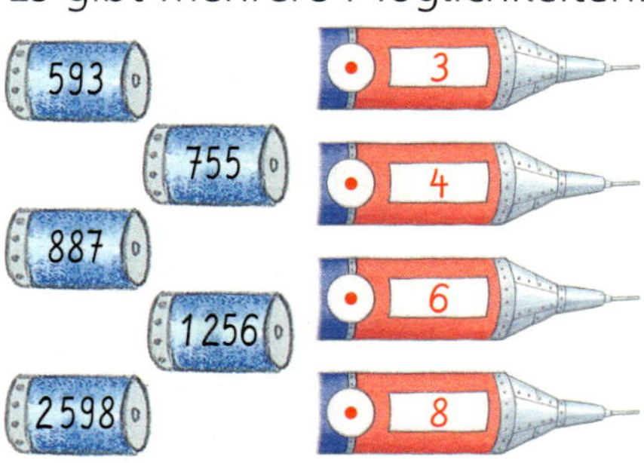

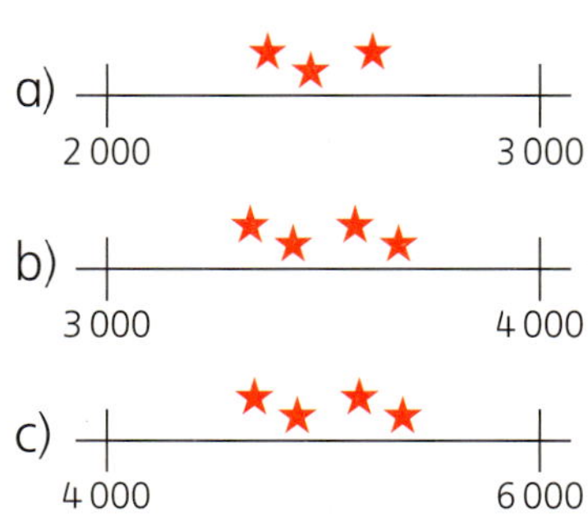

7 Ihr sollt möglichst nahe bei einer halben Million landen.
Mit welcher Rakete schafft ihr das am besten? Ariane 6 Ariane 7 Ariane 9

Geheimnisvolle Briefe

1 Der Brief ist gerade angekommen.
In dem Brief sind zwei Zahlen.
Auf dem Brief steht nur das Ergebnis der Mal-Aufgabe.
Wie heißen die beiden Zahlen?

Nachbarzahlen: 462

2
a) Nachbarzahlen: 306
b) Nachbarzahlen: 650
c) Nachbarzahlen: 1122
d) Nachbarzahlen: 4692
e) Nachbarzahlen: 5112
f) Nachbarzahlen: 9506
g) Nachbarzahlen: 10302

3 Schreibt zwei Nachbarzahlen auf und steckt sie in einen Briefumschlag. Das Produkt schreibt außen auf den Brief. Wer findet die Zahlen?

4 Neue Briefe. Darin stecken zwei Zahlen mit dem Unterschied 10.

a) Unterschied 10: 1271
b) Unterschied 10: 2184
c) Unterschied 10: 2891
d) Unterschied 10: 9975
e) Unterschied 10:

5 Schreibt zwei Zahlen mit dem Unterschied 10 auf.
Steckt sie in den Umschlag und schreibt außen das Produkt darauf. Wer findet die Zahlen?

6 Hier kommen schwere Briefe an.
Darin stecken drei aufeinander folgende Zahlen.

a) 3 Zahlen in Folge: 990
b) 3 Zahlen in Folge: 6840
c) 3 Zahlen in Folge: 3360
d) 3 Zahlen in Folge: 17550
e) 3 Zahlen in Folge:

Die Kinder der Klasse 4b haben für das Wochenende ihre Eltern und Geschwister zu einem Klassenfest eingeladen.
Einige Kinder kaufen ein und bekommen das Geld aus der Klassenkasse zurück.

1 Florian kauft drei 6er-Packungen Mineralwasser. Eine Packung kostet 2,79 €.

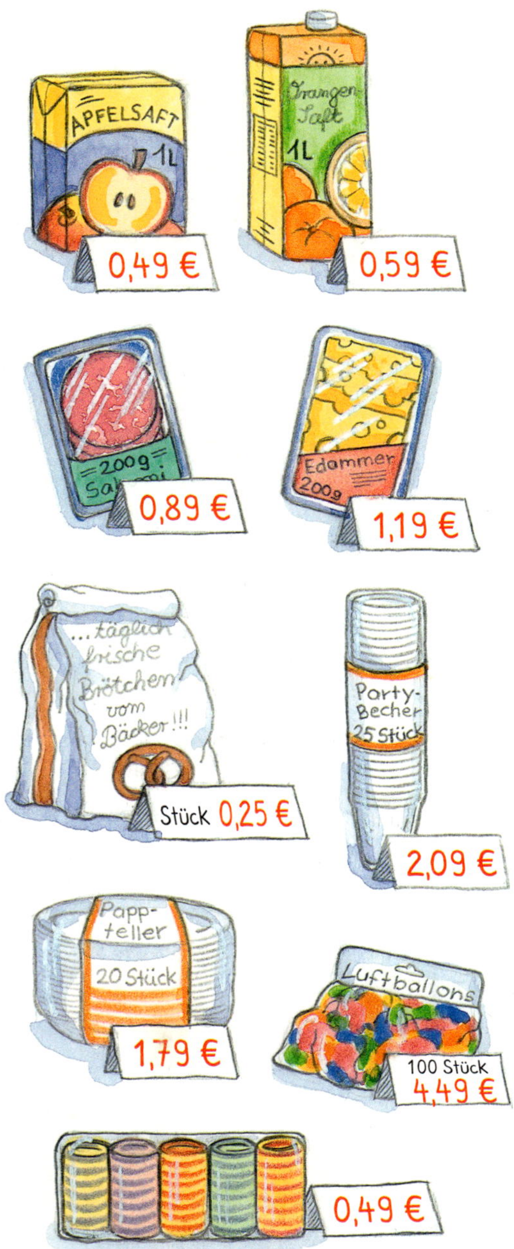

2 a) Franzi besorgt 6 l Orangensaft und 8 l Apfelsaft.
b) Janik ist 10 Jahre alt und hängt fünf Luftballons auf.

3 Lara soll 600 g Käse und 400 g Salami kaufen.
Wie viele Päckchen nimmt sie jeweils?
Wie viel Euro muss sie bezahlen?

4 Fredi kümmert sich um die Brötchen.
Er soll 100 Stück kaufen.
Sonderpreis: 10 Brötchen kosten 2,25 €.

5 Lina kümmert sich um Pappteller und Becher.
Sie sollen für 100 Personen ausreichen.
Wie viele Pakete braucht sie jeweils?
Wie viel Euro muss sie bezahlen?

6 Was würdet ihr für euer Klassenfest kaufen?
Überlegt, wie viele Personen ihr einladet.
Womit wollt ihr dekorieren?
Was soll es zu essen geben?

7 a) 3,78 € · 5 b) 2,89 € · 9 c) 8,15 € · 7
6,25 € · 7 9,90 € · 4 7,95 € · 8

18,90 € 26,01 € 39,60 € 43,75 € 50,15 € 57,05 € 63,60 €

8 a) 17,09 € · 9 b) 56,09 € · 3 c) 83,90 € · 2
31,07 € · 5 20,70 € · 7 20,90 € · 8

144,90 € 153,81 € 155,35 € 167,20 € 167,80 € 168,27 € 178,37 €

Eine Aufgabe ist eine „Kapitänsaufgabe" (= diese Aufgabe ist mit den gegebenen Informationen nicht lösbar)
Weitere Übungen Seite 134

Pizzarezept
(für 4 Personen)

Für den Teig:

250 g Quark
1 kleine Tasse Milch
5 EL Öl
1 TL Salz
400 g Mehl
1 Päckchen Backpulver

Für den Belag:

400 g Pizzatomaten
1 Dose Pilze
1 Dose Ananas
1 Dose Tunfisch
200 g Salami
200 g Kochschinken
200 g geriebener Käse
Oregano

400 g Pizzatomaten	0,45 €
1 Dose Pilze	0,49 €
1 Dose Ananas	0,69 €
1 Dose Tunfisch	1,19 €
200 g Salami	0,89 €
200 g Kochschinken	1,09 €
200 g geriebener Käse	1,29 €

1 Matthias backt für seine Familie Pizza. Das sind vier Personen. Die Zutaten für den Teig und Oregano sind vorhanden. Den Rest muss er noch einkaufen. Wie viel Euro muss er bezahlen?

2 Kati backt für sich und sieben Freundinnen Pizza.
a) Schreibe das Rezept für die Kinder auf.
b) Kati muss noch Pilze, Ananas, Kochschinken und geriebenen Käse besorgen. Wie viel Euro muss sie bezahlen?

3 Die 23 Kinder der Klasse 4c wollen mit ihrer Lehrerin Pizza backen.
Kartei
a) Schreibe das Rezept auf.
b) Die Zutaten für den Teig, Pizzatomaten und Oregano bringt die Lehrerin mit. Die restlichen Zutaten müssen noch eingekauft werden.

4 In der Pizzeria „Napoli" kannst du bis zu fünf verschiedene Beläge für eine Pizza auswählen.
a) Wie viele Möglichkeiten gibt es für eine Pizza mit zwei verschiedenen Belägen?
b) Mit drei verschiedenen Belägen?
c) Wie viele Möglichkeiten gibt es insgesamt?

Beläge
P Pilze
A Ananas
S Salami
K Kochschinken
T Tunfisch

1 a)

•	401		
4		2400	
7			

b)

•	301		
3			3003
8			
	3311		

2 Im Kopf oder halbschriftlich.
Denke auch an Wecker-Aufgaben.

a) 6 300 · 4
899 · 30
2 · 7 040
3 · 999
5 · 9 002
30 · 8 080

b) 4 999 · 2
301 · 5
350 · 7
30 · 708
4 · 4 300
9 · 2 001

1 Die Quersumme ist immer eine Zahl der Neuner-Reihe.

a) 1 233 | 8 766 · 2 | 3 | 5

b) 4 509 | 5 490 · 4 | 6 | 0

c) 972 | 9 027 · 7 | 2 | 1

2

a) □ 5 8 · 6 = 2 7 □ □

b) 4 6 □ □ · 7 = 3 □ □ 4 7

c) □ 7 □ □ · 3 = 2 9 □ 7 5

d) □ 2 □ □ · 9 = □ 0 □ 0 5

Fragen – Lösen – Antworten

1 a) Ein Trimm-Pfad hat eine Länge von 1 850 m. Ute läuft heute drei Runden.

b) Christiane fährt jeden Monat viermal mit dem Rad zu den Großeltern. Sie liest die Entfernung für eine Strecke auf dem Tacho ab: 2 340 m.

c) Petra geht dreimal in der Woche schwimmen. Mike geht fünfmal in der Woche Rad fahren.

5 550 m   10 750 m   18 720 m

2 a) Kordula kauft sechs Flaschen Traubensaft. Eine Flasche kostet 1,19 €.

b) Ute kauft fünf gefrorene Pizzen. Eine Pizza kostet 2,35 €.

7,14 €   9,75 €   11,75 €

3 a) Bengt kauft drei Stücke Seife zu je 1,29 € und eine Flasche Shampoo zu 1,79 €.

b) Mutter hat Bengt einen 10-Euro-Schein mitgegeben.

c) Von dem Restgeld darf Bengt sich ein Modellauto kaufen. Es kostet 3,89 €.

0,45 €   4,34 €   5,34 €   5,66 €

1 Jedes Kind braucht ungefähr 1 m Platz. Wie lang ist eine Kette aus zehn Kindern? Wie lang ist eine Kette aus allen Kindern deiner Klasse?

2 Wie lang ist eine Kette aus 1000 Kindern?

3 Wie lang ist eine Kette aus einer Million Kindern?

4 In Deutschland gibt es etwa 800 000 Kinder in Klasse 4. Stelle dir vor, alle würden eine Kette bilden!

5 Wie viele Kilometer sind es zu deinem Nachbarort? Wie viele Kinder müssten in einer Reihe stehen?

6 Der Umfang der Erde beträgt etwa 40 000 km. Wie viele Kinder ständen Hand in Hand rund die Erde?

7 Ihr plant eine Kinderkette von eurem Ort bis nach Berlin. Wie viele Kinder müssten mitmachen?

1 In jedem Päckchen sind drei Produkte falsch. Das kannst du durch Überschlag herausfinden.
Wie heißen die richtigen Ergebnisse?

a)	b)
277 · 6 = 1 222	3 079 · 3 = 90 237
519 · 8 = 4 152	6 889 · 5 = 30 005
626 · 3 = 2 478	4 927 · 7 = 34 489
483 · 7 = 2 861	8 128 · 3 = 24 384
826 · 5 = 4 130	1 217 · 9 = 12 953

2 Du sollst im Zielgebiet landen. Welche Rakete nimmst du und wie viel Treibstoff tankst du? Jedes Sternchen ein Produkt.

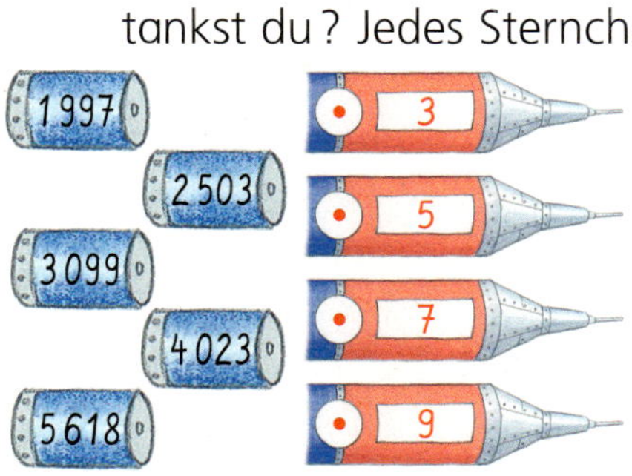

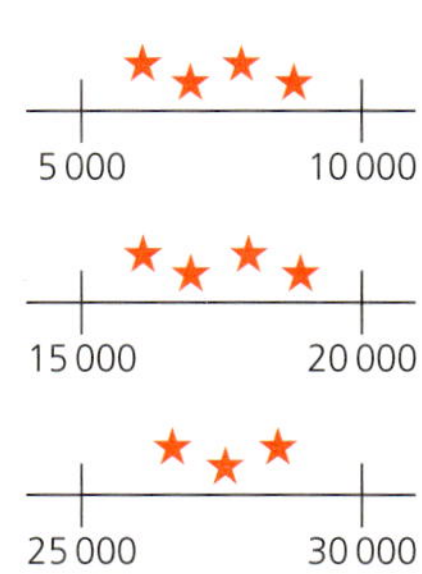

Was kostet es einzeln?

a)

zusammen 2,40 € | zusammen 1,70 €

b)

zusammen 3,80 € | zusammen 2,45 €

c)
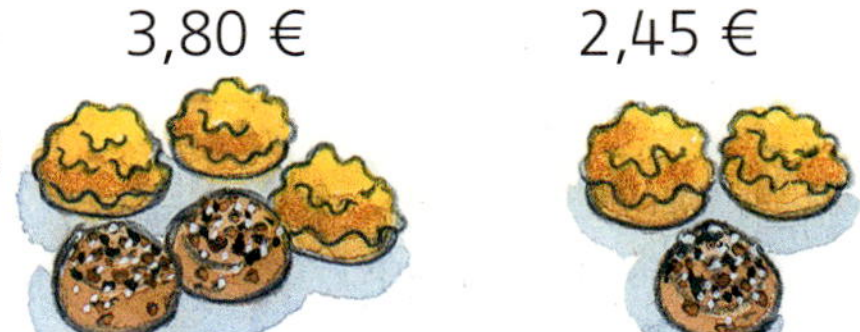
zusammen 2,40 € | zusammen 1,45 €

Größen

1

In welches Glas passt mehr Saft? Erzähle.

2

Wie viel Liter passen in den Eimer?

3

Wie viel Liter sind im Messbecher?

4 Kennst du andere Gefäße, in die 1 Liter ($\frac{1}{2}$ Liter, $\frac{1}{4}$ Liter) passen?

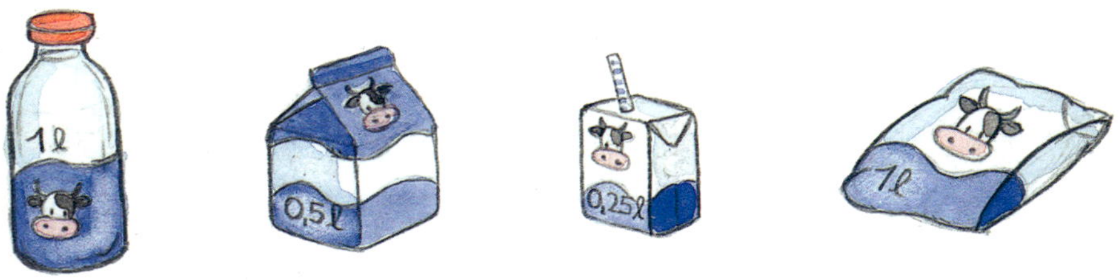

5 Ordne zu:

1 Das ist Benjamins Milchflasche.

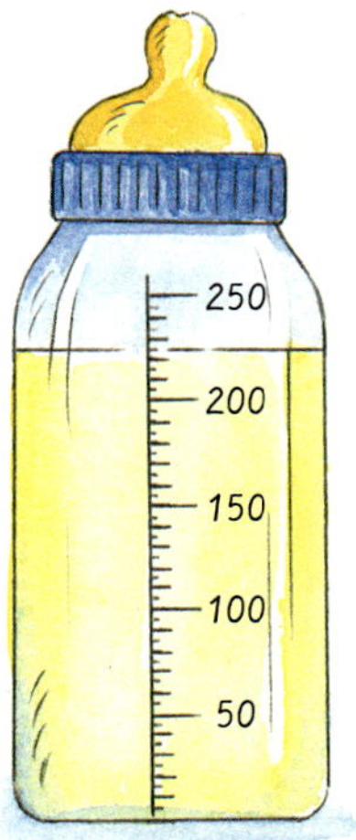

a) Benjamin ist Julias kleiner Bruder. Benjamin ist 8 Monate alt und bekommt jeden Morgen ein Fläschchen mit ___ Milliliter Milch.

b) Gestern hat Benjamin sein Fläschchen nicht leer getrunken. Er hat 30 ml übrig gelassen.

c) Vorgestern sind 45 ml übrig geblieben.

d) Vor einigen Monaten, als Benjamin erst 8 Wochen alt war, trank er bei jeder Mahlzeit 145 ml. Damals bekam er fünf Mahlzeiten am Tag.

2 a) Julia behauptet: „Mit Benjamins Milchflasche kann ich genau $\frac{1}{4}$ l Milch abmessen." Stimmt das?

Liter		Milliliter
1 l = 1,0 l	=	1000 ml
$\frac{1}{2}$ l = 0,5 l	=	500 ml
$\frac{1}{4}$ l = 0,25 l	=	
$\frac{1}{8}$ l = 0,125 l	=	

b) Wie oft muss Julia Benjamins Flasche füllen, um damit $\frac{1}{2}$ l zusammenzugießen?

c) Wie oft muss Julia Benjamins Flasche füllen, um damit 1 l zusammenzugießen?

3 Wie viel ist das? Das Doppelte von a) $\frac{1}{8}$ l b) $\frac{1}{4}$ l c) $\frac{1}{2}$ l d) $\frac{3}{4}$ l

4 Wie viel ist das? Das Vierfache von a) $\frac{1}{8}$ l b) $\frac{1}{4}$ l c) $\frac{1}{2}$ l d) $\frac{3}{4}$ l

5 In der Eisdiele werden die Getränke in Gläsern verkauft, die 0,25 l fassen. Es wurden 2 l Erdbeermilch, 3 l Bananenmilch und 2,5 l Kakao vorbereitet.

a) Wie viele Gläser kann man füllen?

b) Am Vormittag wurden 5 Gläser Kakao, 2 Gläser Erdbeermilch und 7 Gläser Bananenmilch verkauft. Wie viel Liter sind jeweils übrig?

6 Übertrage die Tabelle in dein Heft und fülle sie aus.

3 500 ml	2 250 ml	1 375 ml					50 ml
3 l 500 ml						1 l 100 ml	
3,5 l			1,5 l	2,75 l	1,380 l		

1 Wie lange duschst du?

Durchschnittlicher Wasserverbrauch	
1 x duschen	45 l
2 x duschen	
3 x duschen	

2 So viel Wasser verbraucht eine Person durchschnittlich am Tag. Berechne den Verbrauch.

1 kleiner Eimer = 5 l

Trinkwasser ist kostbar! Überlege, wie du Wasser sparen kannst.

3 Kartei

Eine Person verbraucht durchschnittlich 135 l Wasser am Tag. Berechne den durchschnittlichen Wasserverbrauch pro Tag.

Personen	Verbrauch
1	135 l
2	

4 Eine Person verbraucht in der Woche etwa 900 l Wasser. Wie viel ist das wohl in einem Jahr?

Wochen	Verbrauch
1	900 l
2	
10	
50	
52	

1

a) Lukas will noch Orangensaft für seine Party kaufen. Welche Sorte soll er nehmen? Warum?

b) Anja nimmt gerne Orangensaft mit zur Schule. Welchen Saft wird ihre Mutter wohl kaufen? Warum?

c) Warum sind die Orangensäfte unterschiedlich teuer? Für welchen würdest du dich entscheiden? Warum?

2 Frau Reuter kauft eine Kiste Limonade für 7,49 €. In der Kiste sind zwölf Flaschen. Eine einzelne Flasche kostet 69 ct.
Frau Reuter meint: „Wenn ich zwölf einzelne Flaschen kaufe, muss ich über 1 € mehr bezahlen." Stimmt das?

3 Marit kauft eine 300 g-Tafel Schokolade für 1,49 €. Sie behauptet: „Das ist billiger als drei 100 g-Tafeln für je 59 ct." Wie viel Cent spart sie?

4 Vergleiche.

a)
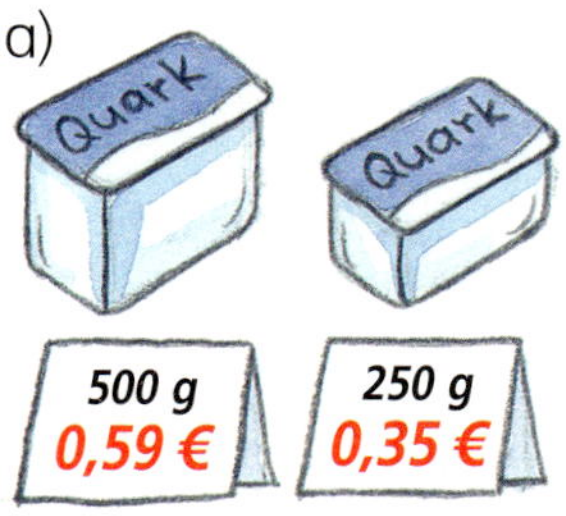

b)
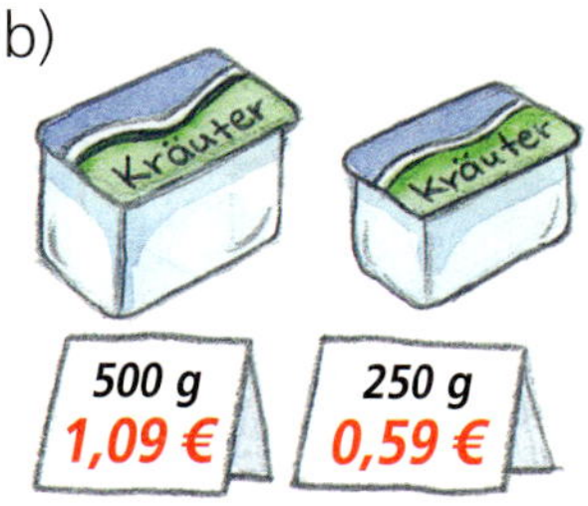

c)
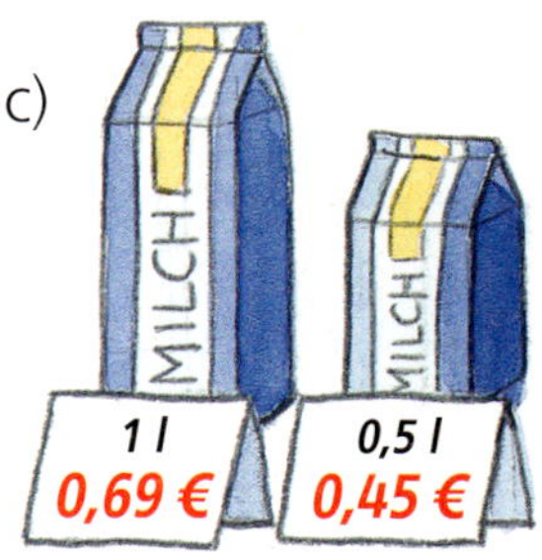

d)

5 Monas Klasse will für ihr Frühstück einen Quark anrühren. Sie brauchen dafür 1 000 g Speisequark und 750 g Kräuterquark. Was soll sie einkaufen? Wie teuer wird es?

6 Lisas Klasse will Erdbeer-Milchmix machen. Sie brauchen 5,5 l Milch und 1 750 g Erdbeeren. Was sollen sie einkaufen? Wie teuer wird es?

7 Vergleiche.

a)

b)

c)

1 Auf einem Kartoffelnetz steht 2,5 kg.
Wie viel Gramm sind das?

2 Übertrage die Tabelle in dein Heft und fülle sie aus.

7 500 g	5 400 g		
7 kg 500 g			
7,5 kg		2,4 kg	3,2 kg

3

3 475 g	2 685 g	1 450 g			
3 kg 475 g			6 kg 350 g	6 kg 35 g	
3,475 kg					0,745 kg

4 Aufgepasst! Schreibe als Kilogramm mit Komma.
a) 800 g 250 g 725 g b) 600 g 60 g 6 g

5 Schwere Taschen. Gib das Gewicht in Kilogramm an.

a) 2,5 kg Kartoffeln
300 g Porree
1 Becher Sahne

b) 900 g Porree
3 kg Kartoffeln

c) 750 g Sahne
10 kg Kartoffeln
600 g Porree

6 Wie viel Geld musst du für den Einkauf (Aufgabe 5) bezahlen?

7 Fünf Pakete Mehl, wie schwer sind sie? Berechne auch das Fünffache der übrigen Gewichte. Schreibe das Ergebnis in Kilogramm.

8 Berechne das Gewicht erst in Gramm. Dann schreibe es in Kilogramm.

a) 3 x Mehl
2 x Rosinen

b) 2 x Schokolade
4 x Marmelade

c) 4 x Schokolade
2 x Mehl

d) 2 x Ananas
5 x Rosinen

e) 3 x Ananas
1 x Mehl

9 Schreibt selbst einen Zettel. Das Gewicht soll zwischen 1 kg und 2 kg liegen. Tauscht die Zettel und prüft nach.

10 Neun verschiedene Angaben, nur drei verschiedene Gewichte.
Welche Gewichte sind gleich?

3,5 kg 750 g $\frac{1}{4}$ kg 0,750 kg 3 500 g
0,250 kg $\frac{3}{4}$ kg 250 g $3\frac{1}{2}$ kg

11 Ein Liter Wasser wiegt 1 kg. Wie viel Gramm sind das?
$\frac{1}{2}$ l Wasser $\frac{1}{4}$ l Wasser $\frac{3}{4}$ l Wasser $\frac{1}{8}$ l Wasser

Weitere Übungen Seite 134

1 Gülsen sagt: „1 000 kg sind 1 Tonne, wir wiegen zusammen also 1 Tonne.“

2

4b: 29 Kinder
1 132 kg = 1,132 t
Die Kinder wiegen
__ t und __ kg.

4c: 27 Kinder
1 045 kg = 1,045 t
Die Kinder wiegen
__ t und __ kg.

15 Lehrerinnen
1 021 kg = 1,021 t
Die Lehrerinnen wiegen __ t und __ kg.

1 t = 1000 kg

3 Übertrage die Tabelle in dein Heft und fülle sie aus.

1 342 kg		2 465 kg			980 kg		
1 t 342 kg	1 t 350 kg		3 t 5 kg				2 t 40 kg
1,342 t				3 t 50 kg		0,850 t	

4

3a: 26 Kinder
985 kg = 0,985 t
An 1 t fehlen __ kg.

3b: 24 Kinder
912 kg = 0,912 t
An 1 t fehlen __ kg.

4a: 16 Mädchen
625 kg = 0,625 t
An 1 t fehlen __ kg.

4a: 9 Jungen
369 kg = 0,369 t
An 1 t fehlen __ kg.

5

6 Ein Lastwagen wiegt mit Sand beladen 7,356 t, leer wiegt er 2,875 t.
Wie schwer ist der Sand?

	7,	3	5	6	t
–	2,	8	7	5	t

7

LKW Gesamtgewicht	6,374 t		5,576 t	3,675 t		3,8 t
LKW Leergewicht	1,832 t	1,235 t		1,2 t	1,456 t	
Gewicht der Ladung		0,678 t	1,345 t		0,7 t	1,256 t

8 Wie viel Kilogramm sind das? a) $\frac{1}{2}$ t b) $\frac{1}{4}$ t c) $\frac{3}{4}$ t d) $2\frac{1}{2}$ t e) $3\frac{1}{2}$ t f) $5\frac{1}{4}$ t

Weitere Übungen Seite 134

1 a) Ein Blauwalbaby ist bei der Geburt ungefähr so lang wie eine Kette von drei Tauchern mit ihren Schwimmflossen.

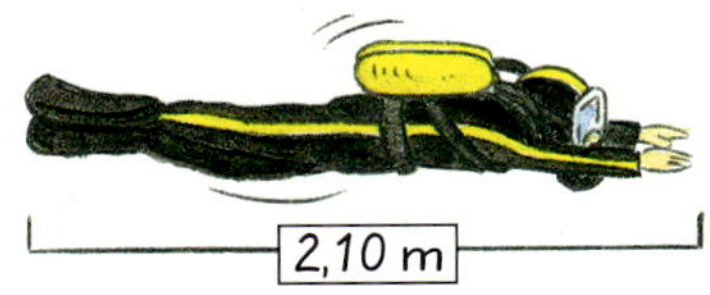

b) Ein ausgewachsener Blauwal ist ungefähr so lang wie eine Kette von 16 Tauchern mit ihren Schwimmflossen.

Taucher	1	6	10	16
Länge	2,10 m			

2 a) Ein Blauwalbaby wiegt bei seiner Geburt ungefähr so viel wie 36 Taucher zusammen.

Taucher	1	6	36
Gewicht	90 kg		

b) Ein ausgewachsener Blauwal ist ungefähr so schwer wie 1 600 Taucher, die zusammen auf einer Waage stehen.

Blauwale – riesengroß und tonnenschwer

Bei der Geburt ist ein Blauwalbaby ungefähr 3 t schwer. Blauwalbabys werden unter Wasser von der Mutter gesäugt. Da die Walmilch sehr nahrhaft ist, wachsen die Jungen sehr schnell. Nach nur einem Jahr wiegt ein Blauwalbaby bis zu neunmal so viel wie bei seiner Geburt.

Blauwale leben in den antarktischen Meeren. Dort besteht ihr Speisezettel fast ausschließlich aus Krill. Dieser Kleinkrebs bildet dort gewaltige Schwärme, deren Menge zur Zeit auf etwa 600 000 000 t geschätzt wird.

Krill

3 a) Wie schwer ist ein Blauwalbaby nach einem Jahr?

b) Wie viel Kilogramm sind das?

c) Wie viel Kilogramm hat der Blauwal im ersten Lebensjahr zugenommen?

d) Tina sagt: „Ein Blauwal nimmt im ersten Lebensjahr täglich ungefähr 65 kg zu." Stimmt das?

e) Ein Mensch wiegt bei der Geburt ungefähr 3,4 kg. Wie schwer wäre ein Kind nach einem Jahr, wenn es sein Gewicht verneunfachen würde?

Weitere Informationen über Blauwale im Internet

1000 l
Mein Ranzen wiegt 5 kg. Jn einem Schuljahr hebe ich mehr als 1 t hoch.
1 t
Jedes Kind unserer Klasse trinkt 200 ml Wasser am Tag. Das macht am Ende eines Schuljahres 1000 l.
4. Schule
Alle Kinder unserer Schule wiegen zusammen ungefähr 6 t.
6 t
Jch habe in der 4. Klasse mehr als 150 Pausenbrote gegessen.
Jm 4. Schuljahr habe ich insgesamt 700 Stunden Unterricht.
Schule 1000 km
Mein Schulweg ist 800 m lang. Wenn ich pro Kilometer einen Euro bekommen würde, könnte ich mir am Ende meiner Grundschulzeit ein Mountainbike für 500 Euro kaufen.
800 ×
SCHULE
Jch wohne 1,5 km von der Schule weg. Jn meiner Grundschulzeit bin ich mehr als 1 000 km zur Schule gegangen.
Am Ende meiner Grundschulzeit war ich über 800 Tage in der Schule.

1 Wandle um in Kilogramm.

a) 7,850 t | 50 t | 500 g | 0,580 t

b) 4,580 t | $\frac{1}{2}$ t | 5 003 g | 0,850 t

2 Gib von jedem Gewicht in Aufgabe 1 das Doppelte an.

3 Wandle um in Meter.

a) 7,450 km | 8 km | $2\frac{1}{2}$ km | 0,5 km

b) 7 km 80 m | 0,053 km | 7,2 km | $3\frac{1}{2}$ km

c) 430 cm | 50 cm | 3 000 mm | 3 cm

4 Gib von jeder Länge das Vierfache an.

5 Wandle um in Milliliter (ml).

a) 5 l | 4,3 l | $\frac{1}{2}$ l | 3,805 l

b) 0,5 l | $\frac{1}{4}$ l | 1,050 l | $1\frac{1}{2}$ l

6 Gib von jedem Maß in Aufgabe 5 das Doppelte an.

1 Ordne nach dem Gewicht.
Beginne mit dem kleinsten.

a) 7410 kg 8,520 t 9 t 600 g 3 t

b) 4 t 500 g 4 800 kg 3,100 t 5 t

c) 1 500 kg $\frac{1}{2}$ t 0,650 t 550 kg

d) 450 g 300 kg 1,5 t $\frac{1}{2}$ kg

2 Ordne nach der Länge.
Beginne mit der kleinsten.

a) 5 800 km 6 150 m 6 km 800 m 5 km

b) 1 km 300 m 2 500 m 2,1 km 3 000 cm

c) $\frac{1}{2}$ km 5 003 cm 4,8 m 50 m 30 cm

d) 5 000 m 50 cm 5 m 10 cm 5,8 m

e) $\frac{1}{2}$ m 530 mm 48 cm 0,64 m

1 Ordne die Größen zu.

500 g | 1,8 t | 140 cm | 30 cm | 125 g | 0,75 l | 1 cm | 35 kg | 5 km

2 Drei Angaben sind falsch.
Welche sind es?

1

Kilometerlange Staus auf den Autobahnen

Durch den plötzlichen Wintereinbruch in der letzten Nacht staute sich der Verkehr auf der A1 auf einer Länge von über 160 km.

Wie viele Autos standen im Stau?

Autos	1	10	
Länge	8 m	80 m	

2

Kinder sammeln Eicheln für Süßigkeiten

Wie in jedem Jahr konnten die Kinder gestern wieder ihre gesammelten Eicheln und Kastanien in Süßigkeiten tauschen. Für jedes Kilogramm bekamen sie 5 g Süßes. Die meisten Kastanien sammelte Laura mit 80 kg. Insgesamt kamen über 10000 kg zusammen. Für ihre Mühe bekommen die

a) Wie viel Gramm Süßigkeiten hat Laura bekommen?

b) Wie viel Kilogramm bekamen die Kinder insgesamt?

3

Brautschuhe mit Cent-Münzen gekauft

Ihre Brautschuhe hat Sandra mit einem Sack voll 1-Cent-Münzen bezahlt. Der Sack wog 30 kg. Gestern kam sie glücklich zur Schuh-Ne-

a) Wie viele Münzen waren es?

Münzen	1	5	
Gewicht	2 g	10 g	30 kg

b) Wie teuer waren die Schuhe?

4

Schüler laufen für ihren Schulhof

Am Samstag starteten 240 Schüler und Schülerinnen der Marienschule beim Sponsorenlauf. Jeder der kleinen Läufer erhielt einen halben Liter Sprudel kostenlos als Durstlöscher. Wie in jedem

a) Wie viel Liter Sprudel wurden verteilt?

b) In einem Kasten sind 20 Halbliter-Flaschen.

Gruppe	Übung	Schüler			Schülerinnen		
	Alter im Kalenderjahr	8	9/10	11/12	8	9/10	11/12
1	50-m-Schwimmen	in beliebiger Zeit			in beliebiger Zeit		
	200-m-Schwimmen	–	–	–	–	–	–
2	Hochsprung	0,75	0,85	1,00	0,70	0,80	0,95
	Weitsprung	2,40	2,60	3,10	2,20	2,40	2,80
	Sprung:	beliebig. Sprunggerät seit			beliebig. Sprunggerät seit		
	Hocke o. Grätsche³)	0,90	1,00	1,00	1,00	1,00	1,00
3	50-m-Lauf	10,3	9,9	9,2	10,4	10,0	9,5
	75-m-Lauf	–	–	12,7	–	–	13,1
	100-m-Lauf	–	–	–	–	–	–
	300-m-Inline-Skating	–	–	–	1:05	1:00	0:54
	500-m-Inline-Skating	2:00	1:48	1:38	–	–	–
4	Kugel	–	–	–	–	–	–
	Schlagball (80 g)	17,00	20,00	27,00	10,00	12,50	17,50
	Wurfball (200 g)	–	18,00	22,00	–	11,00	14,00
	Schleuderball (1 kg)	–	–	–	–	–	–
	100-m-Schwimmen	–	–	–	–	–	–
	Geräteturnen: Kombination	Reck: Aufschwung, Unterschwung; Boden: Rad					
	Reck-Boden bzw. Boden-Barren ³)						
	weitere Angebote ab 14 Jahren¹)	–	–	–	–	–	–
5	800-m-Lauf	4:50	4:30	4:10	5:20	5:00	4:50
	1000-m-Lauf	–	5:40	5:15	–	–	–
	2000-m-Lauf	–	–	–	–	–	–
	3000-m-Lauf	–	–	–	–	–	–
	5000-m-Inline-Skating	–	27:00	22:00	–	27:00	22:00
	20-km-Radfahren	–	–	–	–	–	–
	600-m-Schwimmen	–	–	–	–	–	–
	Skilanglauf	4 km in beliebiger Zeit			4 km in beliebiger Zeit		
	weitere Angebote ab 14 Jahre ¹)	–	–	–	–	–	–

Sandra (10 Jahre) läuft 50 m in 9,8 s.
Sie springt 3,02 m weit. Sie wirft 15 m weit und läuft 800 m in 5:20 min. Sie schwimmt gut.
Bekommt Sandra das Sportabzeichen?

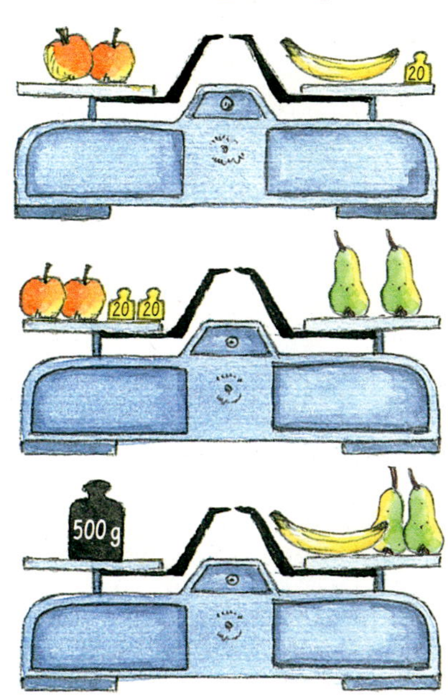

Wie viel wiegt ein Apfel, eine Birne, eine Banane?

Dividieren

1
8 T : 4
81 T : 9
24 T : 6
35 T : 7

2
540 T : 9
420 T : 7
560 T : 8
630 T : 7

3
32 000 : 8
42 000 : 7
54 000 : 6
81 000 : 9

4
480 000 : 6
270 000 : 9
630 000 : 7
280 000 : 4

5
12 H : 3
36 H : 4
45 H : 5
56 H : 7

6
4 500 : 9
3 200 : 8
7 200 : 9
2 800 : 7

7
180 : 3
1 800 : 9
18 000 : 6
180 000 : 2

8
2 400 : 4
240 000 : 8
24 000 : 3
240 : 6

9
5 400 : 6
48 000 : 8
560 : 7
360 000 : 9

10
18 000 : 9
18 000 : 90
18 000 : 900
18 000 : 9 000

11
24 000 : 4
36 000 : 60
48 000 : 800
49 000 : 7 000

12
3 600 : 90
42 000 : 60
210 : 30
5 600 : 8

1
a) 21 T : 3
21 000 : 3
b) 18 T : 6
18 000 : 6
c) 27 T : 9
27 000 : 9
d) 42 T : 6
42 000 : 6
e) 64 T : 8
64 000 : 8

2
a) 24 000 : 8
28 000 : 7
32 000 : 4
b) 12 000 : 4
16 000 : 8
24 000 : 4
c) 18 000 : 3
49 000 : 7
54 000 : 6
d) 35 000 : 5
45 000 : 9
56 000 : 8
e) 42 000 : 7
36 000 : 6
30 000 : 5

3
a) 120 T : 4
120 000 : 4
b) 360 T : 9
360 000 : 9
c) 480 T : 8
480 000 : 8
d) 540 T : 6
540 000 : 6

4
a) 630 000 : 9
240 000 : 4
320 000 : 8
b) 420 000 : 6
540 000 : 9
270 000 : 3
c) 810 000 : 9
450 000 : 5
360 000 : 6
d) 300 000 : 5
400 000 : 8
200 000 : 4

5
1 H = 100
24 H = 2 400

a) 18 H : 3
1 800 : 3
b) 15 H : 3
1 500 : 3
c) 45 H : 9
4 500 : 9
d) 63 H : 7
6 300 : 7

6
a) 1 600 : 8
2 100 : 7
3 600 : 9
b) 4 200 : 7
5 400 : 6
6 300 : 9
c) 2 800 : 4
3 500 : 5
4 800 : 8
d) 7 200 : 8
8 100 : 9
3 000 : 6
e) 2 500 : 5
4 000 : 8
2 000 : 5

200 300 400 400 500 500 500 600 600 700 700 700 800 900 900 900

7
2 400
12 000 180
150 6 000
300 000 36 000

a) Der dritte Teil.
Alles durch 3.
50 2 000
60 4 000
200 12 000
800 100 000

b) Der sechste Teil.
Alles durch 6.
25 2 000
30 6 000
400 30 000
1 000 50 000

c) Die Hälfte.
Alles durch 2.
75 3 000
90 6 000
700 18 000
1 200 150 000

8
2 400
32 000 160 000
4 000 48 000
800 400 000

a) Alles durch 4.
200 8 000
600 12 000
900 40 000
1 000 100 000

b) Alles durch 8.
100 6 000
300 10 000
500 20 000
4 000 50 000

c) Alles durch 10.
80 4 800
240 16 000
400 32 000
3 200 40 000

9
a) Der dritte Teil von 12 000.
b) Der achte Teil von 32 000.
c) Die Hälfte von 30 000.

10
a) 12 000 : 3 = 4 000, denn 4 000 · 3 = 12 000
12 000 : 30 = _____, denn _____ · 30 = 12 000
12 000 : 300 = _____, denn _____ · 300 = 12 000

b) 48 000 : 6
48 000 : 60
48 000 : 600

11
a) 12 000 | 16 000 **:** 4 | 40 | 400
b) 3 500 | 50 000 **:** 5 | 50 | 500

Weitere Übungen Seite 135

1

a)	b)	c)	d)	e)
2 400 : 600	1 800 : 900	2 700 : 300	3 600 : 400	4 200 : 700
2 400 : 60	1 800 : 90	2 700 : 30	3 600 : 40	4 200 : 70

2

a)	b)	c)	d)	e)
3 200 : 80	2 700 : 300	4 800 : 60	7 200 : 800	2 000 : 400
4 500 : 900	3 600 : 60	2 400 : 400	5 600 : 70	4 000 : 50

3

a)	b)	c)	d)	e)
4 200 : 70	3 600 : 90	7 200 : 80	2 400 : 40	1 000 : 20
2 700 : 30	4 800 : 80	5 600 : 70	2 100 : 30	6 000 : 30
3 200 : 80	5 400 : 60	8 100 : 90	4 900 : 70	8 000 : 40

40 40 50 60 60 60 70 70 80 80 90 90 90 90 200 200

4

a)	b)
3 600 : 400	4 000 : 800
4 800 : 800	1 600 : 200
6 300 : 900	2 000 : 500

4 5 5 6 7 8 9

5 Dividiere alle Zahlen durch 60.

300 3 600 6 000 12 000

6

a)	b)	c)	d)
35 000 : 5 000	32 000 : 8 000	16 000 : 4 000	72 000 : 8 000
18 000 : 30	14 000 : 700	49 000 : 700	35 000 : 70
24 000 : 400	48 000 : 80	54 000 : 90	25 000 : 500
12 000 : 600	81 000 : 9 000	63 000 : 900	24 000 : 60

4 4 7 9 9 20 20 40 50 60 70 70 400 500 600 600 600

7 a) 160 000 | 320 000 : 4 | 40 | 400

b) 280 000 | 490 000 : 70 | 700 | 7 000

8 Addiere die vier Quotienten. Die Summe ist immer 600.

a)	b)	c)
18 000 : 60	32 000 : 4 000	20 000 : 2 000
25 000 : 500	45 000 : 90	12 000 : 40
14 000 : 70	16 000 : 8 000	81 000 : 900
40 000 : 800	27 000 : 300	10 000 : 50

Das Ergebnis einer Durch-Aufgabe heißt Quotient.

Weitere Übungen Seite 135

1 Dividiere alle Zahlen auf der Tafel durch 3.
Entscheide bei jeder Aufgabe neu, ob sie für dich leicht oder schwer ist.

2

a) 7 996 : 4
11 996 : 4
19 992 : 4
31 992 : 4

b) 792 : 8
1 592 : 8
3 992 : 8
63 992 : 8

c) 1 495 : 5
2 980 : 5
9 980 : 5
54 485 : 5

3 Die leichten Aufgaben rechne im Kopf. Denke auch an Wecker-Aufgaben.
Die schweren Aufgaben rechne in Schritten.

a) : 4

28 016, 35 492, 2 392, 400 020, 3 200, 276, 13 240, 22 200, 344, 20 400

69, 86, 598, 800, 1 310, 3 310, 5 100, 5 550, 7 004, 8 873, 100 005

b) : 6

1 812, 36 018, 24 060, 24 006, 1 380, 648, 3 054, 12 066, 30 480, 1 794

108, 230, 299, 302, 509, 2 011, 4 001, 4 010, 4 100, 5 080, 6 003

4 Rechne und vergleiche die Ergebnisse.

a) (2 792 + 824) : 4
2 792 + (824 : 4)

b) (1 000 − 500) : 4
1 000 − (500 : 4)

c) (1 080 − 729) : 9
1 080 − (729 : 9)

5 Setze Klammern. Das Ergebnis soll immer 10 000 sein.

a) 12 500 : 5 + 15 000 : 2
b) 56 000 − 16 000 : 4
c) 8 000 + 32 000 : 4
d) 12 000 + 8 000 : 2
e) 31 108 − 2 224 : 4 + 2 779
f) 20 000 : 5 000 − 4 998
g) 5 · 6 000 − 4 000
h) 26 664 + 33 336 : 6
i) 3 000 : 3 + 63 000 : 7

1

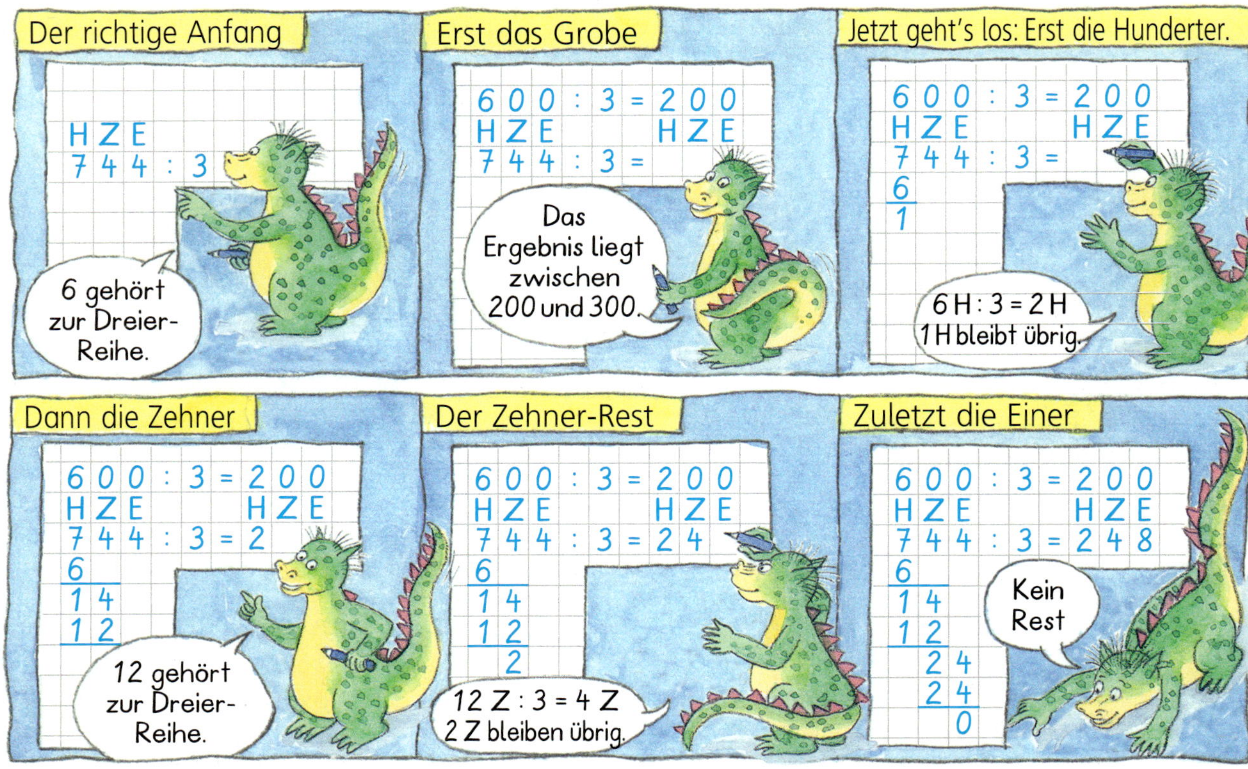

2 Dividiere wie Zahlix. Der Quotient hat immer die Quersumme 10.

a) 732 : 3 b) 940 : 4 c) 978 : 6 d) 952 : 7 e) 944 : 8

3 a) 846 : 3 b) 988 : 4 c) 794 : 2 d) 756 : 6 e) 9 364 : 2
572 : 2 845 : 5 522 : 3 903 : 7 6 870 : 5

126 129 169 174 247 282 286 397 1 374 2 512 4 682

4 Achte auf den Anfang. Rechne erst das Grobe.
Der Quotient hat immer die Quersumme 18.

a)

6 0 0 0 : 3 = 2 0 0 0
T H Z E T H Z E
7 1 0 1 : 3 =

b)

2 4 0 0 : 3 = 8 0 0
T H Z E H Z E
2 5 9 2 : 3 =

c) 9 144 : 4 d) 9 765 : 5 e) 7 722 : 6 f) 8 379 : 7 g) 9 504 : 8

5

a)

b)

c)

6

a)

b)

c)

Weitere Übungen Seite 135

1 Hannah und Lars rechnen die Aufgabe 9 436 : 4. Zuerst machen sie einen Überschlag.

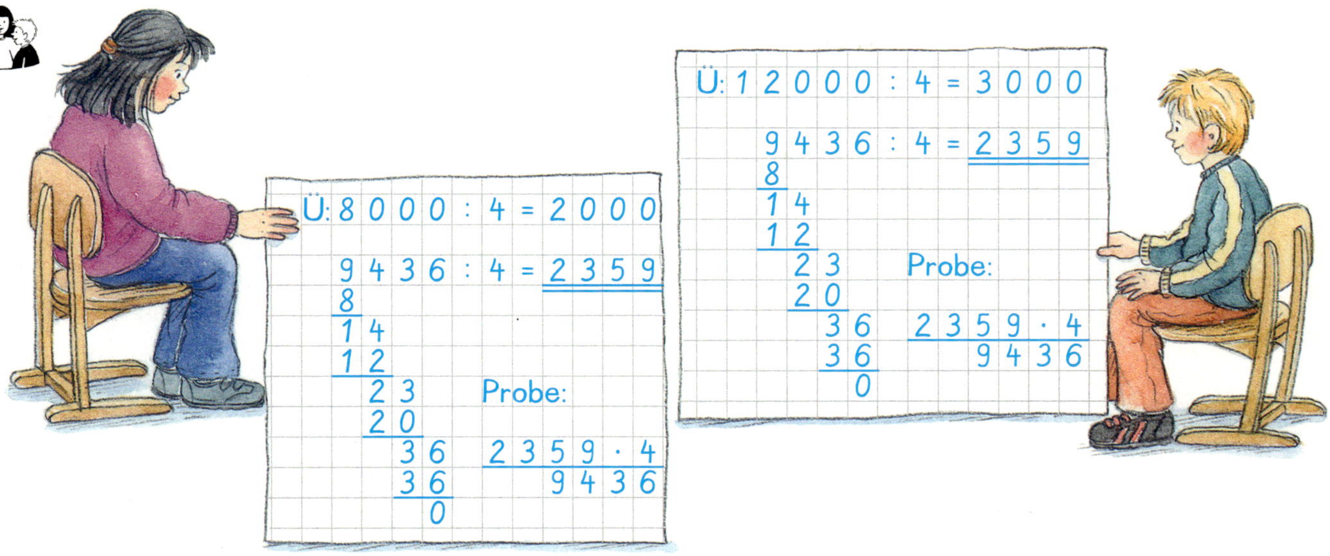

2 Dividiere. Probe nicht vergessen!

a) 49 532 : 4
9 112 : 4
552 : 4

b) 815 : 5
6 205 : 5
58 140 : 5

c) 8 415 : 5
489 : 3
784 : 4

d) 9 037 : 7
9 144 : 6
8 960 : 5

1. Überschlag über die Aufgabe schreiben und ausrechnen.
2. Aufgabe genau ausrechnen.
3. Ergebnisse von Aufgabe und Überschlag vergleichen.
4. Probe rechnen.
5. Ergebnis der Probe mit dem der Aufgabe vergleichen.

3 Welche Ergebnisse sind falsch? Das kannst du mit dem Überschlag herausfinden.

a) 68 174 : 2 = 3 487
2 655 : 3 = 8 885
38 885 : 5 = 7 777

b) 1 548 : 4 = 387
7 110 : 5 = 142
40 593 : 7 = 3 799

c) 36 720 : 6 = 612
6 279 : 7 = 897
48 069 : 9 = 541

d) 53 328 : 8 = 666
5 022 : 9 = 558
1 068 : 6 = 178

4 a) 26 712 | 82 782 : 6 | 7 | 9

b) 38 352 | 97 872 : 3 | 4 | 8

5 Familie Kaiser zahlt im Jahr 5 100 € für die Wohnung.
Jennifer rechnet aus, wie viel Miete die Eltern jeden Monat zahlen.

Monate	1	2	4	6	12
Miete					5100 €

6 Löse jede Aufgabe mit einer Rechentabelle.

a) Familie Kranz zahlt im Jahr 5 820 € Miete.

b) Frau Christ zahlt für ihre kleine Wohnung 3 300 € im Jahr.

7 a) *Wenn ich meine Zahl durch 6 dividiere, dann erhalte ich 1 354.*

b) *Dividiere 42 312 durch 4. Addiere dann 422. So erhältst du meine Zahl.*

c) *Berechne den neunten Teil von 63 999. Subtrahiere dann 3 768. So erhältst du meine Zahl.*

1

2 Achtung! Nullen im Quotient!

a) 4 215 : 3 　 3 204 : 3
b) 8 114 : 2 　 7 418 : 2
c) 9 236 : 4 　 7 320 : 4
d) 75 999 : 7 　 37 149 : 7
e) 54 675 : 9 　 24 570 : 9

1 068 　 1 405 　 1 830 　 2 309 　 2 730 　 3 709 　 4 057 　 5 307 　 6 075 　 8 051 　 10 857

3 Hier gibt es immer zwei Nullen im Ergebnis. Jeder Quotient hat die Quersumme 11.

a) 84 036 : 6 　 92 763 : 9
b) 80 252 : 4 　 96 240 : 6
c) 95 100 : 3 　 81 040 : 2
d) 90 171 : 9 　 95 005 : 5
e) 64 000 : 5 　 82 456 : 8

4 Zeitungsmeldungen. Was kannst du rechnen?

a) **Guter Messebesuch**
Leipzig. An den letzten drei Tagen haben fast 165 000 Besucher die Leipziger Messe besucht. Das ist

b) **Autoproduktion steigt wieder**
Berlin. In den letzten neun Monaten wurden in der Bundesrepublik schon 486 000 Autos produziert. Damit ist die Produktion des Vorjahres bereits zu diesem Zeitpunkt erreicht, und es hat den

c) **Lottogemeinschaft erfolgreich**
Unna. Am Wochenende gewannen die sechs Mitglieder einer Lottogemeinschaft mit ihrem Tipp fast eine Million (genau 984 438 €). Der Gewinn wird gleichmäßig auf alle Beteiligten

d) **Neuer Rekord für das Guinness-Buch**
Los Angeles. In 8 Stunden 12 864 Schuhe geputzt, dieser einmalige Rekord gelang dem Texaner George Stafford bei einer Wohltätig-

5

a)

b)

6

a)

b)
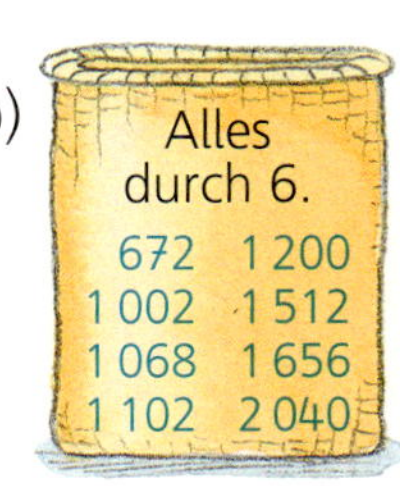

c)
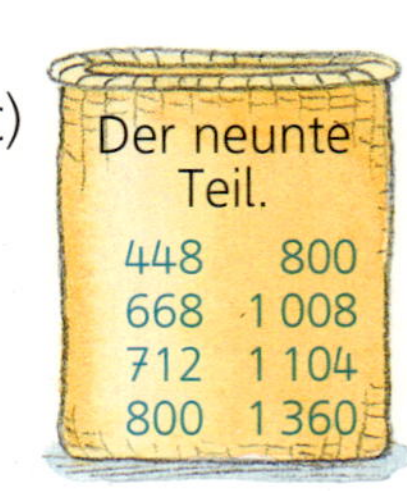

Weitere Übungen Seite 135

1 a) Schulfest. Jedes Kind erhält drei Getränkemarken. Auf einer Rolle sind 500 Marken. Für wie viele Kinder reicht die Rolle?

b) Beim Schulfest werden Blumen verkauft. Die Kinder binden 1 000 Tulpen in Sträußen. Jeder Strauß hat sieben Tulpen.

2 Die drei Aufgaben in einem Päckchen haben denselben Rest. Was fällt sonst noch auf?

a)	b)	c)	d)	e)
3 704 : 3	1 826 : 4	9 215 : 9	24 175 : 8	35 390 : 7
7 037 : 3	2 270 : 4	10 835 : 9	25 615 : 8	38 540 : 7
10 370 : 3	2 714 : 4	11 078 : 9	25 687 : 8	38 855 : 7

3 Wodurch unterscheiden sich die beiden Quotienten?

a)	b)	c)	d)	e)
7 159 : 2	6 830 : 7	5 187 : 6	7 406 : 3	18 723 : 4
10 738 : 3	8 780 : 9	6 915 : 8	12 342 : 5	32 763 : 7

4 a) Dividiere die Zahl 2 521 durch alle Zahlen von 2 bis 9. Du erhältst immer den Rest 1.

b) Dividiere die Zahl 98 284 durch alle Zahlen von 5 bis 9. Du erhältst immer den Rest 4.

5 In jeden Restekorb kommen gleich viele Quotienten.

1 402 1 960 2 489 3 087 7 308 8 997 11 111 11 995 15 002 15 151 20 000 20 202

a)

b)

Welche Restekörbe braucht Zahline?

6 Dividiere alle Zahlen durch 5. Welche Restekörbe brauchst du?
Kannst du schon vor dem Ausrechnen sagen, in welchen Restekorb der Quotient kommt?

4 549 6 060 10 605 17 171 21 716 28 282 32 827 39 393 43 938 45 454

7 a) Beim Schulfest wurde ein Reinerlös von 1 076 € erzielt. Die Hälfte davon geht als Spende an die Welthungerhilfe.

b) Von der anderen Hälfte sollen Bücher für die Klassenbüchereien angeschafft werden. Deshalb teilen sich die acht Klassen diesen Betrag. Sie nehmen aber nur einen vollen Euro-Betrag für jede Klasse. Der Rest kommt zu der Spende hinzu.

Weitere Übungen Seite 136

1

2 Fünf Freundinnen kaufen für ihre Schulkameradin gemeinsam ein Sweatshirt zum Geburtstag. Das Sweatshirt kostet 19,95 €.

3 Vier Freunde suchen ein Geschenk für Mirko. Sie entscheiden sich für einen Personenwagen für Mirkos Modelleisenbahn. Der Wagen kostet 14,80 €.

4

a)	b)	c)	d)
224,25 € : 5	328,50 € : 5	476,55 € : 9	805,98 € : 6
432,03 € : 3	704,60 € : 4	751,45 € : 7	872,64 € : 8

32,50 € 44,85 € 52,95 € 65,70 € 107,35 € 109,08 € 134,33 € 144,01 € 176,15 €

5 Kartei

a) Mutter bekommt zum Geburtstag von ihren vier Kindern eine CD. Die CD kostet 19 €.

b) Vater bekommt zum Geburtstag von seinen vier Kindern einen schönen Blumenstrauß. Der Strauß hat 17 € gekostet.

6 Im Kopf oder schriftlich? Wie geht es schneller? Entscheide bei jeder Aufgabe neu. Alle Quotienten haben die Quersumme 13.

a)	b)
71 € : 2	88,64 € : 2
47 € : 5	28,63 € : 7
14 € : 8	90,42 € : 6
25 € : 4	630,80 € : 2
147 € : 3	640,40 € : 8
122 € : 8	1 071,99 € : 9

Weitere Übungen Seite 136

1 Zaubersterne aus verschiedenen Hundertertafeln. Ergänze die Sterne.

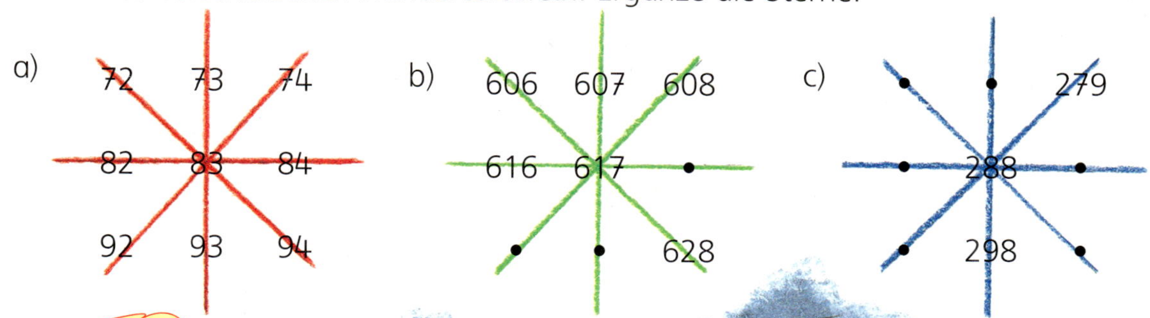

Zaubersterne

2
- Wähle einen Zauberstern. Addiere die drei Zahlen auf einer Linie. Was fällt dir auf?
- Dividiere die Summe durch 3.

3 Bei einem Zauberstern ist die Summe 1869. Kannst du ihn zeichnen?

4 Malt selbst einen Zauberstern. Addiert die drei Zahlen auf einer Linie und sagt die Summe eurem Partner. Ob er wohl den Zauberstern findet?

5 Hier sind drei Zahlen aus einem Zauberstern herausgefallen? Findest du ihren Zauberstern wieder?

a) 235, 247, 256 b) 478, 489, 497 c) 699, 711, 719

6 Male selbst einen Zauberstern. Sage deiner Partnerin drei Zahlen aus deinem Zauberstern. Sie soll ihn wiederfinden. Worauf musst du achten, damit sie ihn auch wirklich finden kann?

Super-Zaubersterne

7

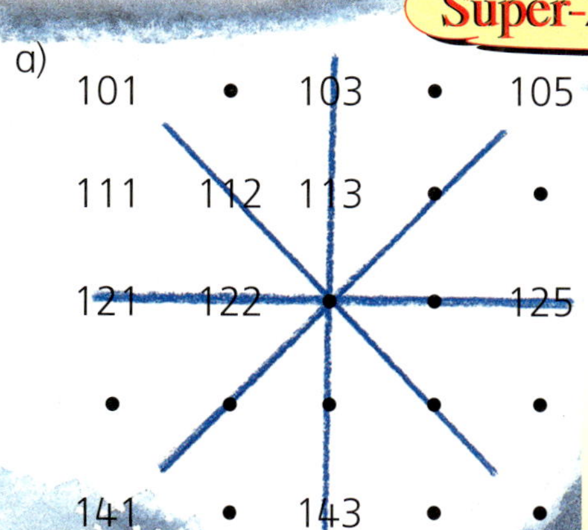

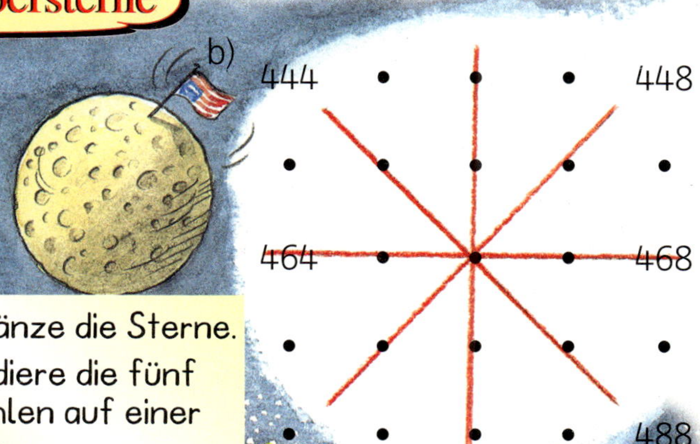

- Ergänze die Sterne.
- Addiere die fünf Zahlen auf einer Linie.
- Dividiere die Summe durch 5.

In Klasse 4b taucht das Thema Taschengeld auf.
Die Kinder beschließen, eine Umfrage zu machen.
Sie entwerfen einen Text.

Taschengeld ist ein heißes Thema.

Wir machen eine Umfrage.
Selbstverständlich anonym (ohne Namen!).
Wenn ihr wollt, teilen wir euch die Ergebnisse mit.

Nun kreuzt an und füllt aus, bitte.

Ich bin ein Mädchen ☐
ein Junge ☐
Ich bekomme regelmäßig Taschengeld: ja ☐
nein ☐
Mein Taschengeld pro Woche beträgt: ___ Euro.

1 Julia und Tobias werten neun Antworten aus.
Wie viele Kinder haben mehr als 3 € Taschengeld? Wie viele weniger als 2 €?

Junge/Mädchen	J	J	M	M	M	J	M	M	J
Taschengeld/€	2,00	3,00	1,50	3,00	2,00	1,00	1,50	3,00	4,00

2 Bekommen die Mädchen mehr Taschengeld als die Jungen?

3 Svenja und Lukas werten weitere Antworten aus, diesmal von fünf Mädchen und sechs Jungen. Bekommen die Mädchen mehr Taschengeld als die Jungen?

M	J	J	J	M	M	J	J	M	J	M
3,00 €	2,50 €	2,00 €	1,50 €	2,50 €	3,00 €	0 €	2,50 €	2,00 €	5,00 €	2,50 €

4

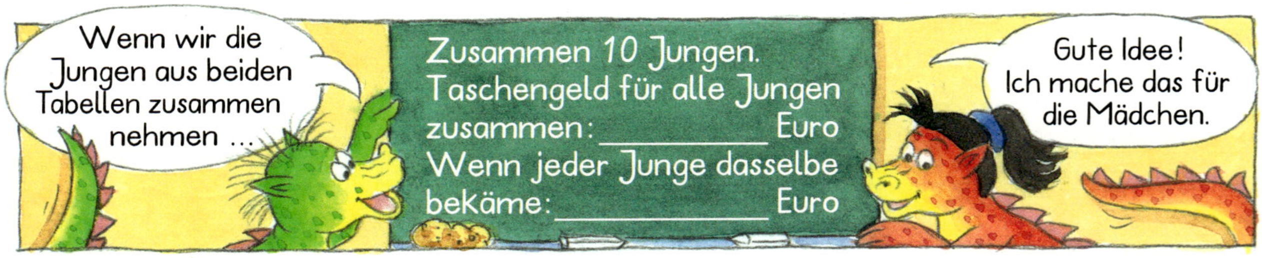

5 Macht selbst eine Umfrage.
Denkt euch auch einen Text aus.
Wollt ihr weitere Fragen stellen?

Kartei

Jch gebe jede Woche alles aus. ☐
Jch gebe nie alles aus. ☐
Jch spare nur für besondere Fälle. ☐

1 a) Wie lange haben die Kinder gestern ferngesehen?
b) Nora sagt: „Im Schnitt haben die Kinder eine Stunde ferngesehen."
Was meint sie? Wie hat sie gerechnet?

①

②

③

2 Lisa und Tom fragen verschiedene Gruppen von Kindern, wie lange sie gestern ungefähr ferngesehen haben. Die Kinder tragen die Antworten in eine Tabelle ein.

Fernsehen?	gar nicht	$\frac{1}{2}$ Stunde	1 Stunde	$1\frac{1}{2}$ Stunden	2 Stunden	$2\frac{1}{2}$ Stunden
Gruppe A				I	II	I
Gruppe B	I	I	II			I
Gruppe C		I	I	I	I	
Gruppe D	I	II	I		IIII	II

Beantworte für jede Gruppe:
a) Wie viele Kinder sind in der Gruppe?
b) Wie lange haben die Kinder der Gruppe im Schnitt ferngesehen?

3 Die Klasse 4a hat am Mittwoch eine Umfrage zum Thema Fernsehkonsum gemacht:
„Wie lange hast du gestern ungefähr ferngesehen?"

Fernsehen?	gar nicht	$\frac{1}{2}$ Stunde	1 Stunde	$1\frac{1}{2}$ Stunden	2 Stunden	$2\frac{1}{2}$ Stunden
Mädchen	II	~~IIII~~		II	II	I
Jungen		I	III	I	I	II

Haben die Mädchen oder die Jungen am Dienstag mehr ferngesehen?

4 Am Montag hat die Klasse 4a die Umfrage wiederholt.
„Wie lange hast du am Samstag ungefähr ferngesehen?"

Fernsehen?	gar nicht	$\frac{1}{2}$ h	1 h	$1\frac{1}{2}$ h	2 h	$2\frac{1}{2}$ h	3 h	4 h
Mädchen	II	I		I	II	II	III	I
Jungen			II	II	I	II		I

a) Warum gibt es wohl zwei Spalten mehr in dieser Tabelle?
b) Haben die Mädchen oder die Jungen im Schnitt am Samstag mehr ferngesehen?

1

a) 6 000 | 360 000 : 6 | 60 | 600

b) 4 000 | 160 000 : 5 | 80 | 400

2 Rechne zuerst die leichten Aufgaben im Kopf, dann die anderen in Schritten. Denke auch an Wecker-Aufgaben.

:8

24 056, 72 016, 4 056, 40 080, 39 992, 792, 799 960, 480 240, 646 464

99, 507, 3 007, 4 999, 5 010, 9 002, 10 010, 60 030, 80 808, 99 995

3 Aufgaben mit Rest – leichte und schwere.

:5

30 007, 80 008, 4 532, 45 046, 4 999, 997, 21 021, 50 403, 600 006

199 R2, 906 R2, 999 R4, 4 204 R1, 5 006 R4, 6 001 R2, 9 009 R1, 10 080 R3, 16 001 R3, 120 001 R1

1

12 915, 5 607, 26 208, 63 945, 38 304, 97 965, 4 851

a) Alles durch 3.
1 617, 12 768, 1 869, 14 764, 4 305, 21 315, 8 736, 32 655

b) Alles durch 7.
693, 4 701, 801, 5 472, 1 845, 9 135, 3 744, 13 995

c) Der neunte Teil.
539, 2 912, 623, 4 256, 1 435, 7 105, 1 635, 10 885

2 Dividiere die Zahl 90 720 durch jede Zahl von 2 bis 9.

10 080, 11 340, 12 960, 15 120, 18 144, 22 680, 28 144, 30 240, 45 360

Fragen – Lösen – Antworten

HA 24.04

1 a) Drei Freundinnen fahren zusammen in Urlaub. Sie bezahlen dafür insgesamt 1 047 €.

b) Sieben Freunde bezahlen für eine Bahnfahrt insgesamt 379,40 €.

c) Eine Viererkarte für den Bus kostet 9,60 €. Wie teuer ist eine Fahrt?

d) In einer anderen Stadt kostet eine Viererkarte 18,60 €.

2,40 € 4,65 € 6,75 € 54,20 € 349 €

2 a) Zwei Geschwister kaufen für ihre Mutter ein Geschenk zu 39,98 €.

b) Drei Geschwister kaufen für ihren Vater eine CD. Jedes Kind gibt 7,65 €.

c) Frau Plot bekommt von ihren vier Kindern einen Blumenstrauß. Der Strauß kostet 15 €.

3,75 € 10,95 € 19,99 € 22,95 €

3 a) Carla hat für vier Neonstifte 3,72 € bezahlt. Ihre Freundin kauft ihr einen ab.

b) Jonas hat eine 5-er-Packung Videokassetten für 6,95 € gekauft. Tina kauft ihm zwei Kassetten ab.

0,93 € 2,78 € 8,55 €

1 a) Die Kinder haben eingekauft. Wie schwer ist der Inhalt der Taschen?
Gib das Ergebnis in Kilogramm an.

Alina	Nils	Nico	Lara
2 kg Kartoffeln	600 g Porree	5 kg Kartoffeln	900 g Porree
500 g Möhren	1 kg Broccoli	600 g Paprika	1,5 kg Broccoli
300 g Paprika	5 kg Kartoffeln	1 kg Möhren	3,5 kg Kartoffeln

b) Wie viel Euro müssen die Kinder für den Einkauf bezahlen?

4,55 € 5,10 € 5,90 € 6,15 € 8,60 €

2 Schreibe als Kilogramm mit Komma.

a) 3 800 g, 2 650 g b) 2 225 g, 3 471 g c) 4 360 g, 8 g d) 750 g, 4 307 g e) 500 g, $\frac{3}{4}$ kg f) $\frac{1}{2}$ kg, $3\frac{1}{2}$ kg

3 a) 260,40 € : 8, 461,40 € : 4 b) 432,16 € : 4, 564,24 € : 8 c) 502 € : 4, 602 € : 8 d) 555 € : 6, 257 € : 4 e) 252 € : 5, 489 € : 6

32,55 € 50,40 € 64,25 € 70,53 € 75,25 € 81,50 € 82,50 € 92,50 € 108,04 € 115,35 € 125,50 €

1 In jeden Restekorb kommen gleich viele Quotienten.

1965	4 562	8 460	9 009
14 470	24 475	96 455	565 656

a)

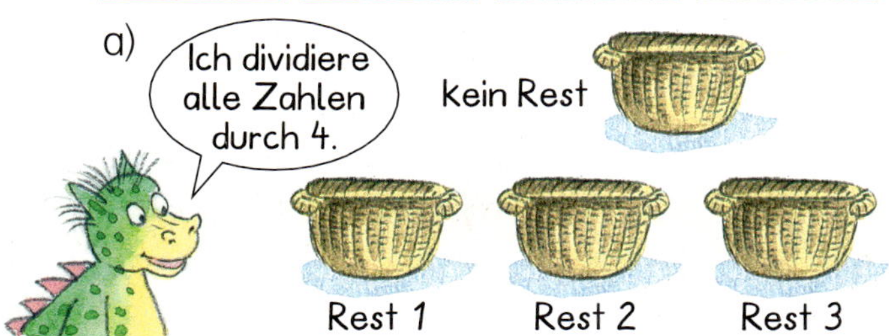

b) Welche Restekörbe braucht Zahline?

2 Dividiere die Zahl 98 284 durch jede der Zahlen von 5 bis 9. Du erhältst immer denselben Rest.

Ordne die Zahlen von 1 bis 12 so an die Kanten eines Würfels, dass die Zahlen an den vier Kanten jeder Würfelfläche genau die Summe 26 ergeben.

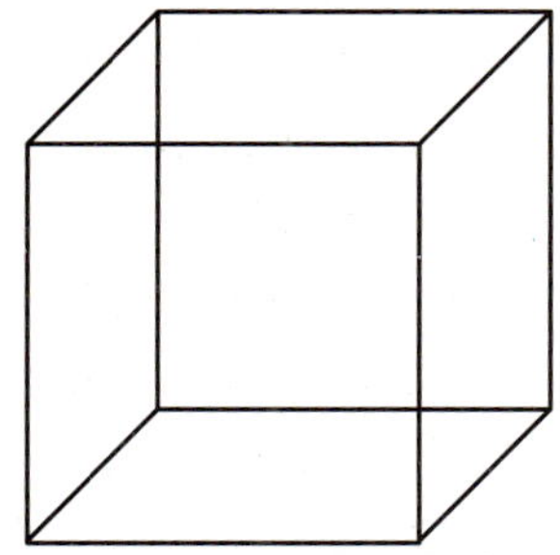

Körper und Körpernetze

1 Beschreibe die Dinge auf dem Bild. Welche sehen anders aus als gewohnt? Wie sehen sie sonst aus?

2 Was wäre, wenn …

… ein Schulranzen so aussehen würde?

3 Was wäre, wenn …

a) die Gießkanne …

b) die Handschuhe …

c) der Schreibtisch …

4 Erfinde eigene „Was wäre, wenn"-Fragen. Tauscht sie aus und beantwortet sie.

1 Körperrätsel: Welcher Körper kann es sein?

a) Ich habe keine Ecken, aber zwei Kanten. Ich habe drei Flächen, zwei davon sind rund. Ich kann stehen und rollen.

b) Ich habe keine Ecken, keine Kanten und nur eine Fläche. Mit mir spielen kleine und große Leute.

c) Ich habe fünf Ecken und viele Kanten. Meine Flächen haben nicht alle die gleiche Form.

2 Ordne: Immer zwei Gegenstände passen zusammen. Welche Form haben sie? Suche weitere Gegenstände mit dieser Form.

1

2

3

4

5

6

7

8

9

10

3 Welcher Körper kann das sein?

a) Ich habe nur drei Flächen.

b) Ich habe genau so viele Flächen wie Ecken.

c) Ich habe weder Ecken noch Kanten.

d) Ganz gleich wie du mich durchschneidest, du siehst immer einen Kreis.

1 Umfahre die Grundfläche eines Würfels. Kippe den Würfel. Trage die Augenzahl der Grundfläche in das Quadrat ein. Dann umfahre die Fläche, die jetzt unten liegt. Kippe … Fahre fort bis du alle sechs Flächen gezeichnet hast. Das ist ein Würfelnetz.

2 Zeichne mit einem großen Würfel ein Netz. Schneide es aus. Falte und klebe daraus mit Klebestreifen wieder einen Würfel.

3 Zeichne diese Netze ins Heft.

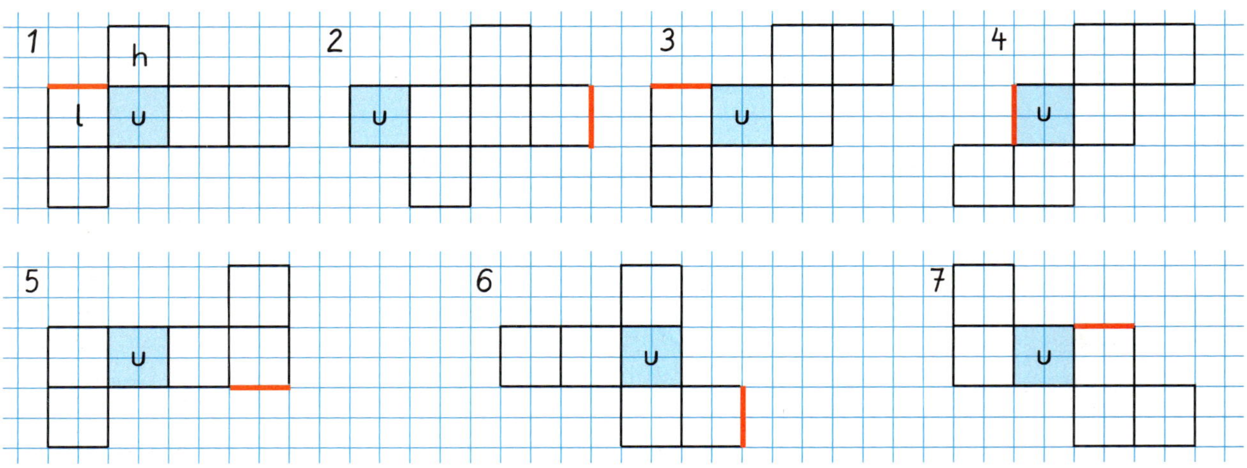

4 a) Falte die Netze aus Aufgabe 3 in Gedanken. Die blaue Fläche liegt unten (u). Welche Flächen sind oben (o), vorne (v), hinten (h), rechts (r), links (l)? Trage ein.

b) Färbe Flächen, die gegenüber liegen, in derselben Farbe.

c) In den Netzen ist immer eine Kante rot gefärbt. Mit welcher anderen Kante stößt diese Kante zusammen? Färbe sie auch rot.

d) Welche beiden Flächen stoßen an der roten Kante zusammen? Schreibe wie im Beispiel.

5 Findest du noch weitere Würfelnetze?

6 Dies sind keine Würfelnetze. Falte in Gedanken. Welche Fläche ist doppelt, welche Fläche fehlt?

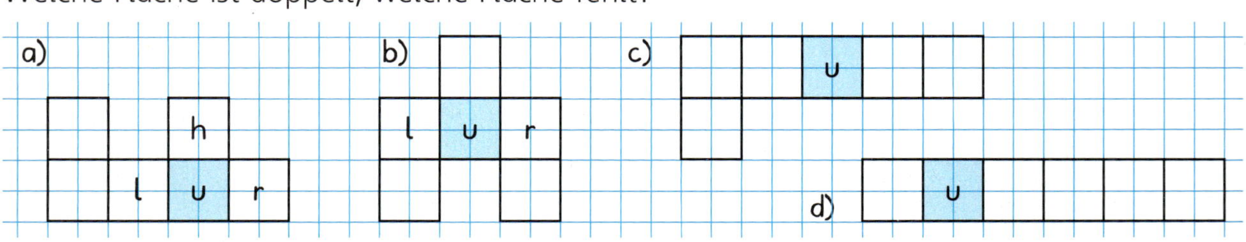

1 Beklebe die Flächen einer Streichholzschachtel mit buntem Papier. Jede Fläche soll eine andere Farbe bekommen.

a) Wie viele verschiedene Farben brauchst du?

b) Welche Flächen sind gleich groß?

c) Welche Form haben die Flächen?

2 Kippe deine Streichholzschachtel und umfahre immer die unten liegende Fläche. Markiere die Fläche in der entsprechenden Farbe. Kippe immer weiter, bis du jede Fläche abgezeichnet hast. Du erhältst ein Quadernetz.

3 Umfahre die Bodenfläche deiner Streichholzschachtel. Kippe dann nach folgenden Anweisungen und umfahre jeweils die Bodenfläche.

a) nach hinten – nach rechts – nach rechts – nach vorne – nach rechts

b) nach rechts – nach rechts – nach hinten – nach rechts – nach rechts

4 Zeichne diese Quadernetze. Wie musst du jeweils kippen?

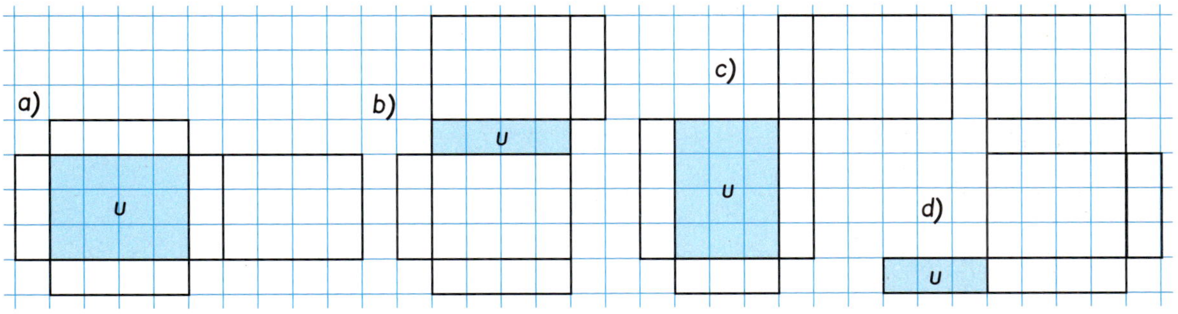

5 Zeichne ein großes Quadernetz. Schneide es aus und klebe daraus wieder einen Quader.

6 Zeichne auch zu diesen Quadern Netze. Färbe gegenüberliegende Flächen gleich.

a)

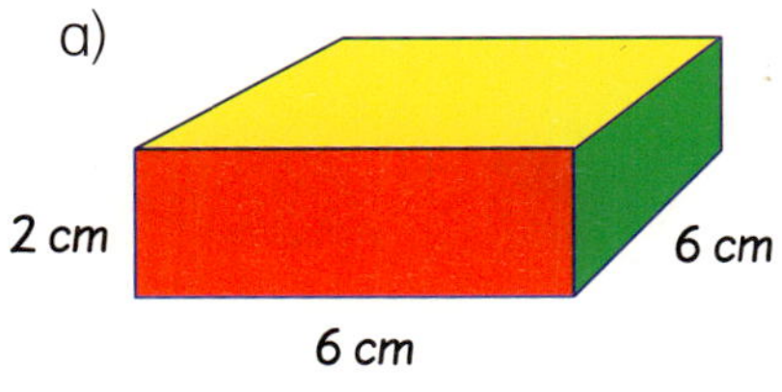

b)

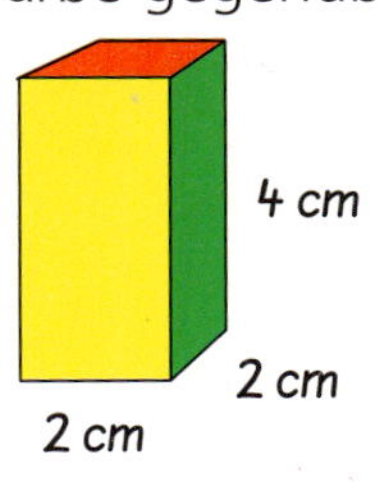

c)

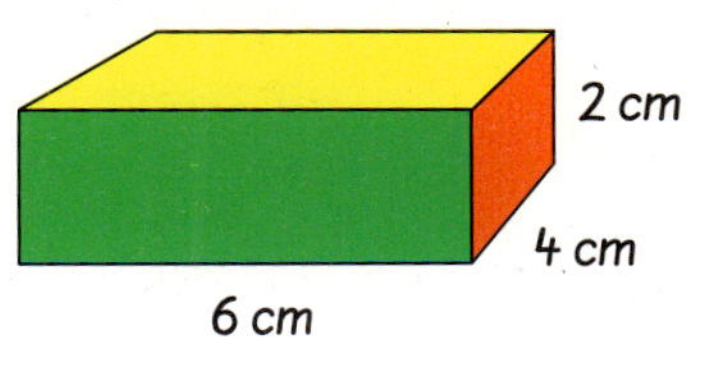

7 Welche Flächenform hat die Schnittfläche? Schneide zur Kontrolle Quader wie im Bild durch.

a)

b)

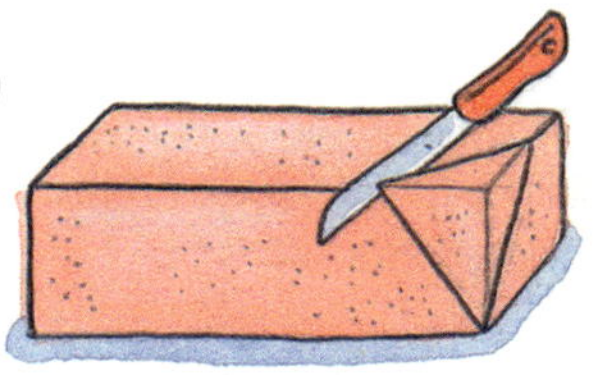

c)

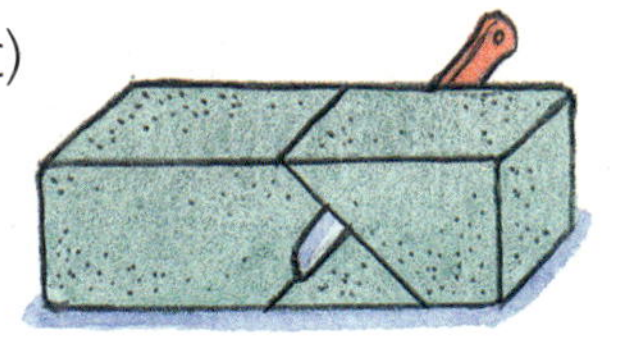

Zeichne zuerst ein Rechteck, 8 cm lang und 4 cm breit. Dann zeichne das Muster und setze es fort.

a)

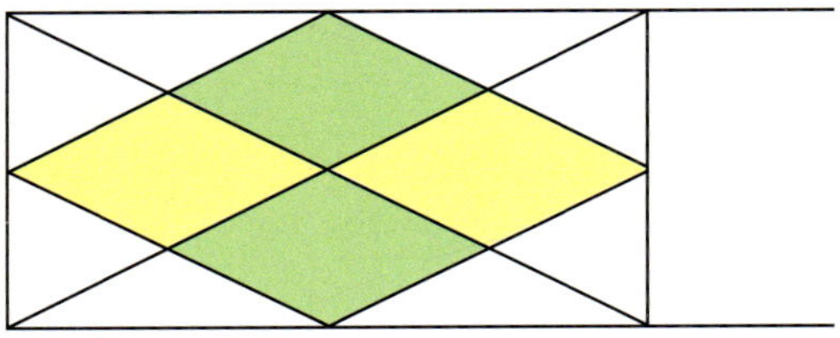

b)

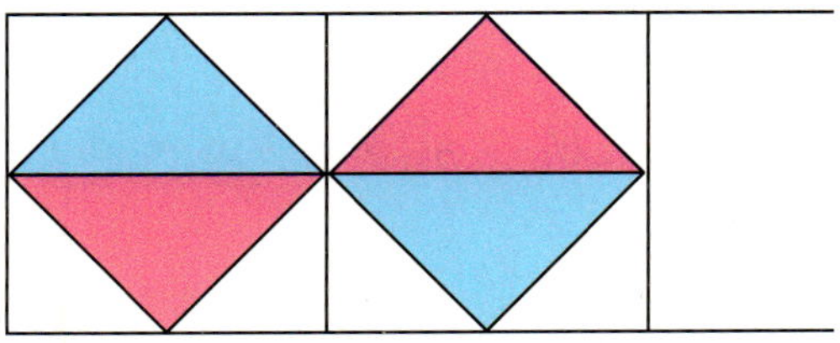

c)

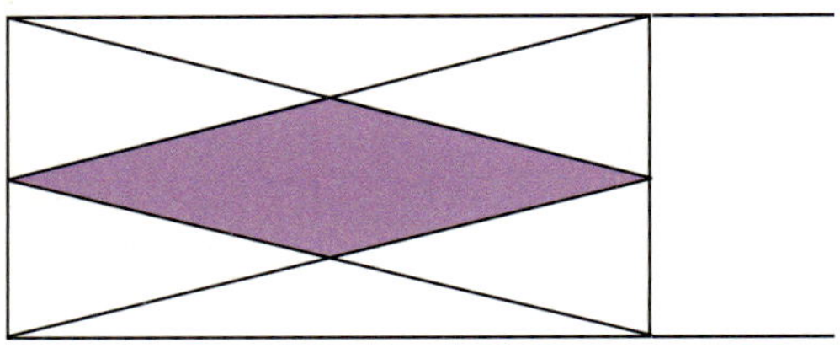

Zeichne einen Kreis mit dem Radius 4 cm. Zeichne das Muster hinein.

a)

b)

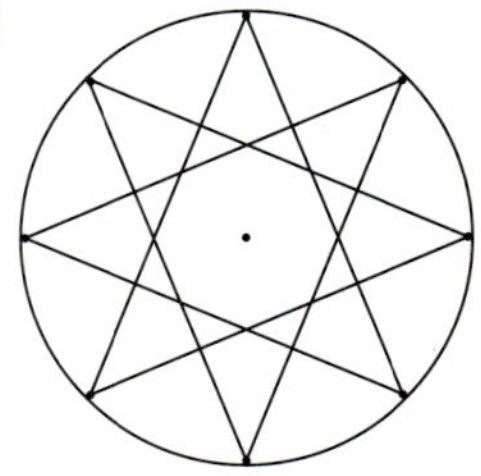

c)

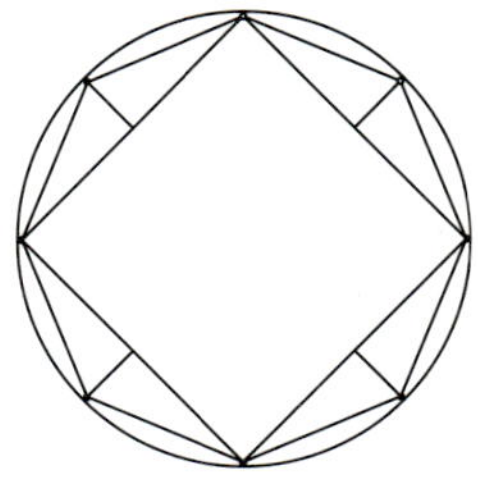

d)

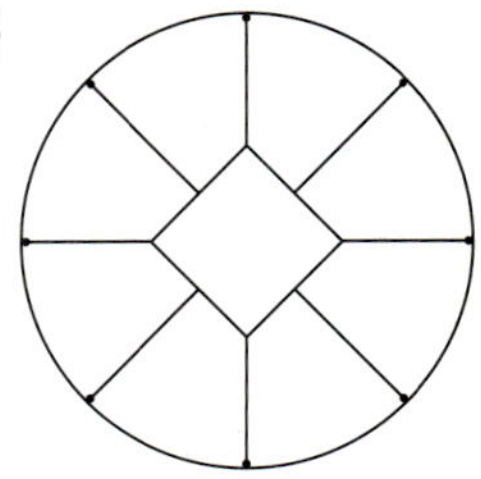

1 Netze von verschiedenen Körpern. Ordne den Körpern die Netze zu.

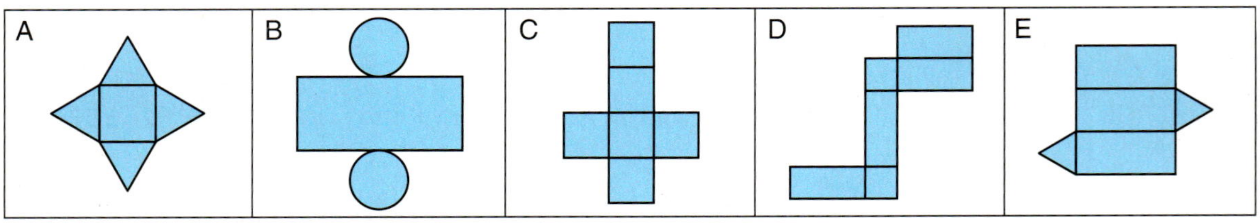

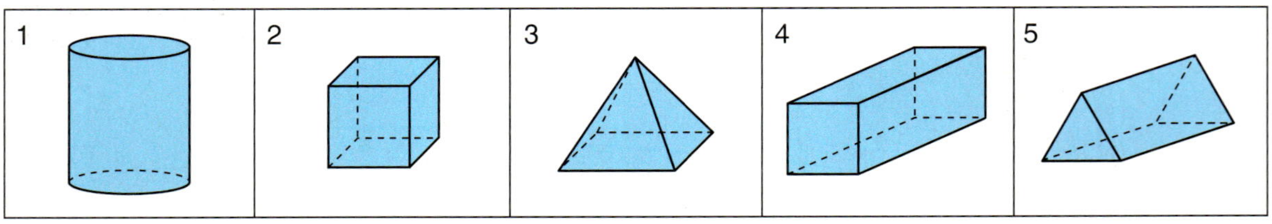

2 Welcher Körper kann es sein? Gibt es mehrere Möglichkeiten?

a) Ich habe eine quadratische und mehrere dreieckige Flächen.

b) Ich habe genau so viele Ecken wie gleich lange Kanten.

c) Ich habe drei Flächen, kann aber nur auf zweien ruhig stehen.

d) Egal wie du mich hinstellst, meine Standfläche ist immer gleich groß.

1 a) Zeichne. Welches Zimmer ist das größte? Wie viel Quadratmeter sind es?
b) Welches Zimmer hat den größten Umfang? Wie viel Meter sind es?

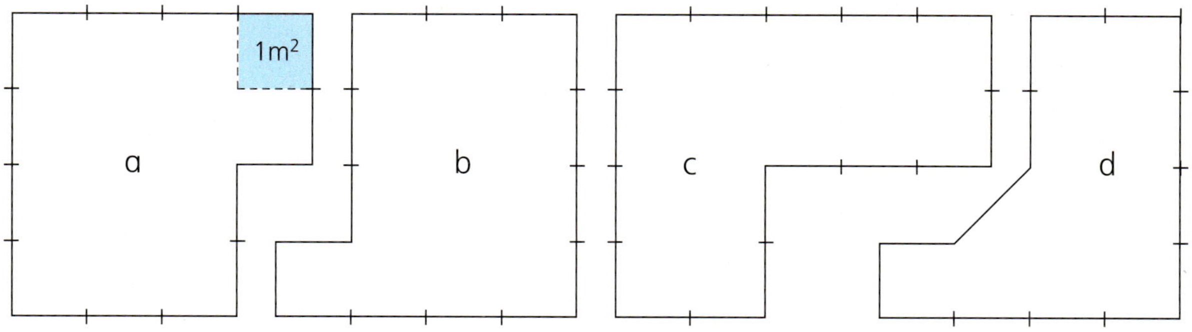

2 Prüfe, ob diese Figuren Quadernetze sind.

a) b) c) d) e) f) g) h)

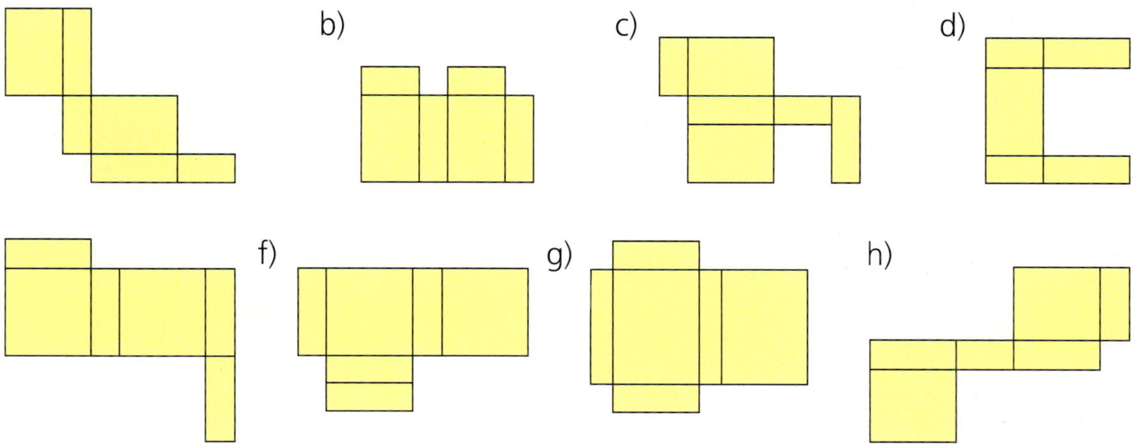

Stelle dir das vor.

Wie sehen die Dinge sonst aus? Warum wohl?

Bei diesen Würfeln ist die Summe der Zahlen auf gegenüberliegenden Flächen immer 10.

a) b) c)

Zeichne für jeden Würfel das Netz. Dann trage die Zahlen ein. Worauf musst du achten?

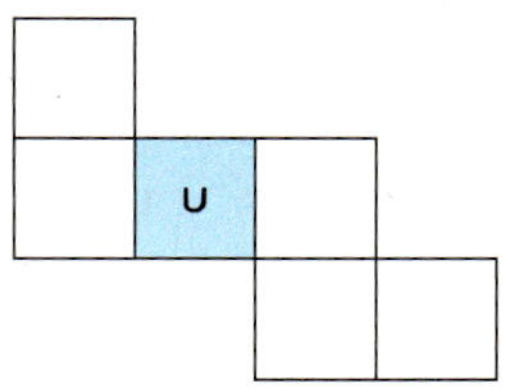

1 Rechne wie der Pharao.

Jeder Kameltreiber hat 75 Kamele.
a) 18 Kameltreiber
b) 30 Kameltreiber
c) 35 Kameltreiber
d) 50 Kameltreiber
Wie viele Kamele?

2 Neue Aufgaben für den Pharao.
Jeder Kameltreiber hat 80 Kamele.
a) 20 Kameltreiber
b) 30 Kameltreiber
c) 32 Kameltreiber

3 Jeder Kameltreiber hat 75 Kamele.
Wie viele Kameltreiber sind es?
Sie haben insgesamt
a) 450 Kamele c) 375 Kamele
b) 750 Kamele d) 1 875 Kamele

1 Wähle eine Zahl. Multipliziere sie mit 300. Das Produkt hat die Quersumme 12.

412 1 072 11 737 1 474 2 374 1 717

412 · 300
412 · 3 H
1 236 H
1 236 H = 123 600

2 Alle Produkte haben die Quersumme 18.

a) 1 584 · 400
486 · 200
1 404 · 600
2 172 · 300

b) 3 036 · 300
117 · 500
1 013 · 900
807 · 600

c) 1 449 · 500
363 · 900
2 079 · 400
1 375 · 900

d) 1 635 · 600
99 · 400
1 758 · 300
198 · 200

3 Multipliziere die Zahlen mit 90. Rechne wie Zahline.
Das Produkt hat immer die Quersumme 18.

352 365 506 536 737 1 707 2 037 2 602 3 268 3 599

4 Alle Produkte haben die Quersumme 18.

a) 648 · 800
1 566 · 80

b) 1 305 · 600
7 680 · 60

c) 6 138 · 400
1 089 · 50

d) 2 418 · 300
3 771 · 40

e) 5 708 · 900
3 087 · 70

5 Zahlix und Zahline rechnen die Aufgabe 43 · 27 auf verschiedene Weise. Erkläre.

6 Rechne wie Zahlix.

a) 67 · 23
76 · 48

b) 38 · 42
75 · 93

c) 45 · 36
65 · 62

d) 28 · 35
58 · 85

e) 82 · 77
93 · 44

f) 55 · 66
88 · 55

980 1 541 1 596 1 620 2 516 3 630 3 648 4 030 4 092 4 840 4 930 6 314 6 975

1 Ein LKW-Fahrer fährt an 234 Tagen im Jahr von Köln nach Brüssel und zurück. Hin und zurück sind es 396 km. Wie viel Kilometer fährt er im Jahr?

```
396 · 234
  79200
  11880
   1584
```

2 Jedes Produkt hat die Quersumme 27.

a) 414 · 216
579 · 144

b) 376 · 288
444 · 135

c) 249 · 432
114 · 576

3 Jedes Produkt hat die Quersumme 24.

a) 385 · 627 b) 939 · 125 c) 372 · 416 d) 483 · 958 e) 572 · 777 f) 208 · 744

4 a) 843 · 27
467 · 35

b) 307 · 38
608 · 63

c) 243 · 273
792 · 531

d) 2 048 · 63
6 207 · 85

e) 3 108 · 172
2 806 · 156

11 666 16 345 22 761 35 258 38 304 66 339 129 024 420 552 437 736 527 595 534 576

5

```
a) 367 · 708     b) 485 · 604     c) 568 · 270
   256900           291000           113600
     2936             1940            39760
```

6 Jedes Produkt hat die Quersumme 27.

a) 624 · 807
725 · 405

b) 543 · 903
792 · 609

c) 856 · 306
723 · 507

d) 639 · 510
743 · 360

7 Welche Aufgabe rechnest du schneller, die obere oder die untere?

a) 2 020 · 487
487 · 2 020

b) 707 · 456
456 · 707

c) 809 · 222
222 · 809

d) 560 · 404
404 · 560

e) 303 · 777
777 · 303

179 598 226 240 235 431 322 392 726 511 983 740

8 Zahlix verkürzt die Schreibweise.
Rechne ebenso, wenn du willst.
Du erhältst immer besondere Zahlen als Ergebnisse.

a) 851 · 546
3 185 · 111

b) 3 367 · 159
1 638 · 259

c) 6 216 · 143
1 813 · 429

d) 1 443 · 168
273 · 481

e) 1 147 · 273
1 365 · 148

f) 5 291 · 105
3 003 · 222

Immer unter der Ziffer anfangen zu schreiben, mit der du malnimmst.

```
851 · 546
4255
 3404
  5106
   1
464646
```

9 Wer entdeckt das Geheimnis? Rechne jedes Mal wenigstens drei Beispiele.

a) Denke dir eine Zahl zwischen 300 und 400. Berechne:
- das 357fache der Zahl,
- das 100fache der Zahl,
- das 543fache der Zahl.

Addiere die Ergebnisse.

b) Denke dir eine Zahl zwischen 600 und 800. Berechne:
- das 500fache der Zahl,
- das 201fache der Zahl,
- das 299fache der Zahl.

Addiere die Ergebnisse.

c)

Weitere Übungen Seite 136

1

Aufgabe	Überschlag
205 · 21	200 · 20
205 · 39	200 · 40
205 · 62	200 · 60
205 · 78	200 · 80
205 · 103	200 · 100
205 · 197	200 · 200
205 · 311	200 · 300

a) Zwei Produkte liegen unter 10 000. Rechne diese Aufgaben.

b) Zwei Produkte liegen zwischen 10 000 und 20 000. Rechne.

c) Zwei Produkte liegen über 30 000.

2

398 · 21
398 · 39
398 · 62
398 · 78
398 · 103
398 · 197
398 · 411
398 · 425

a) Zwei Produkte liegen unter 20 000. Rechne diese Aufgaben.

b) Zwei Produkte liegen über 120 000.

c) Drei Produkte liegen zwischen 20 000 und 50 000.

3

612 · 21
612 · 39
612 · 62
612 · 78
612 · 103
612 · 197
612 · 311
612 · 425

a) Drei Produkte liegen zwischen 20 000 und 50 000.

b) Ein Produkt liegt zwischen 50 000 und 100 000.

c) Drei Produkte liegen über 100 000.

4 In jedem Päckchen gibt es zwei falsche Produkte. Das kannst du durch den Überschlag herausfinden. Wie heißen die richtigen Ergebnisse?

a) 798 · 49 = 39 102
1 078 · 23 = 22 794
2 107 · 71 = 14 997

b) 438 · 307 = 103 466
506 · 707 = 357 742
805 · 508 = 480 940

c) 528 · 405 = 21 384
485 · 240 = 11 640
317 · 203 = 64 351

5

6 Spielt in Kleingruppen. Ein Kind wählt die Aufgabe und rechnet wie Nina. Die anderen Kinder schreiben einen Überschlag auf. Vergleiche die Überschläge.

a) 278 · 335　b) 613 · 209　c) 4 123 · 38　d) 6 523 · 55

e) 298 · 498　f) 253 · 464　g) 2 835 · 43　h) 3 440 · 76

1 Im Kopf oder schriftlich? Alle Ergebnisse haben die Quersumme 9.

a)	b)	c)
600 · 900	6 000 · 12	2 001 · 300
150 · 300	2 502 · 40	6 179 · 18
417 · 120	1 500 · 60	1 073 · 207
375 · 108	1 443 · 84	300 · 210
801 · 50	3 367 · 90	977 · 126
889 · 45	7 000 · 90	111 · 111

2 Mit der Blau-mal-rot-Rakete in die Welt der Zahlen.
Welche Zahlen musst du tanken, um so weit zu fliegen?

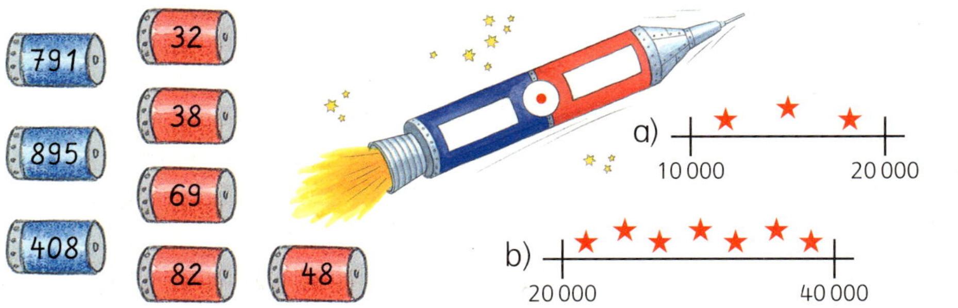

3

Hiermit geht es noch viel weiter.

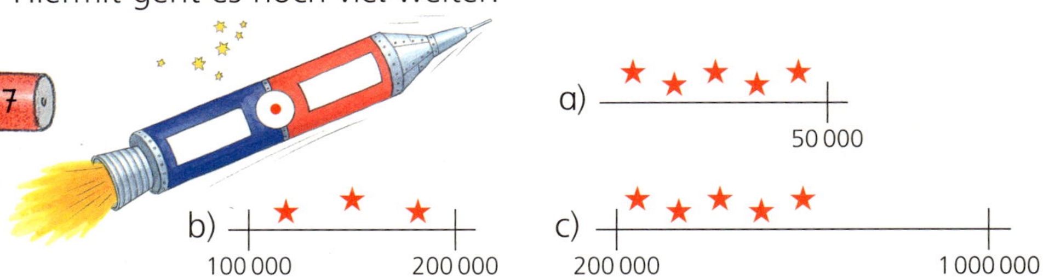

4 Rechne erst die Mal-Aufgabe. Dann dividiere das Ergebnis durch 7.
Du erhältst eine Zahl, in der nur die Ziffern 3 und 6 vorkommen.

a)	b)	c)	d)	e)
294 · 873	1 092 · 406	1 229 · 378	567 · 823	5 303 · 84
651 · 681	707 · 363	259 · 909	504 · 463	713 · 357

5 Du erhältst besondere Zahlen als Ergebnisse.

a)	b)	c)
6 350 · 67 – 92 117	1 807 · 451 – 37 180	1 304 · 123 – 49 281
7 880 · 81 – 82 725	1 296 · 541 – 34 470	2 305 · 468 – 78 741
5 070 · 96 – 42 276	1 407 · 690 – 81 942	1 360 · 234 – 96 018

6 Zahlenrätsel. Entdeckst du das Geheimnis?

a) Denke dir eine Zahl zwischen 200 und 300.
Berechne
- das 202fache,
- das 100fache
- das 699fache

dieser Zahl.
Addiere die Ergebnisse.

b) Denke dir eine Zahl zwischen 400 und 500.
Berechne
- das 3 280fache,
- das 2 279fache

dieser Zahl.
Subtrahiere die Ergebnisse.

c) Denke dir eine Zahl zwischen 700 und 800.
Berechne
- das 357fache,
- das 643fache

dieser Zahl.
Addiere die Ergebnisse zu deiner Zahl.

1 Schreibe zu jedem Päckchen noch zwei passende Aufgaben dazu.

a)	b)	c)	d)
$9 \cdot 1 + 2$	$9 \cdot 10 + 11$	$9 \cdot 39 + 40$	$9 \cdot 799 + 800$
$9 \cdot 2 + 3$	$9 \cdot 11 + 12$	$9 \cdot 40 + 41$	$9 \cdot 800 + 801$
$9 \cdot 3 + 4$	$9 \cdot 12 + 13$	$9 \cdot 41 + 42$	$9 \cdot 801 + 802$

e) Schau dir die Aufgaben und ihre Ergebnisse genau an. Entdeckst du eine Regel? Schreibe nach dieser Regel das Ergebnis der Aufgabe $9 \cdot 643 + 644$ auf, dann prüfe nach durch Ausrechnen.

f) Kannst du die Regel begründen? Schreibe auf.

2

Ein merkwürdiger Aufgaben-Berg.

a) Rechne erst die Mal-Aufgabe schriftlich. Dann addiere im Kopf.

b) Schreibe noch zwei passende Aufgaben dazu.

c) Kannst du das Geheimnis des Berges beschreiben? Aufgabe 1a kann dir helfen.

3

Herr Meier legt eine Obstwiese an.

a) Er kauft einen Zaun, insgesamt 140 m lang. Die Wiese ist 30 m breit. Wie lang ist sie?

b) Die Bäume haben einen Abstand von 5 m. Der Abstand zum Zaun beträgt 5 m. Wie viele Bäume sind es?

4 Eine Weide soll umzäunt werden. Alle 4 m steht ein Pfahl. An der Längsseite stehen 20 Pfähle. Insgesamt sind es 60 Pfähle.

a) Wie lang ist der Zaun?

b) Wie lang ist die Wiese? Wie breit ist sie?

5

Ein Raum soll gefliest werden. Der Raum ist 6 m lang und 4 m breit. Zwei Sorten quadratischer Fliesen stehen zur Auswahl. Die größere Fliese ist 40 cm breit und kostet 6 € pro Stück. Die kleinere Fliese ist 25 cm breit und kostet 2,50 € pro Stück.

1 Die Kinder der 1. Klassen sind stolz. Sie haben viel Geld einnehmen können.
a) Berechne für jeden Gegenstand den Gesamtpreis.
b) Rechne am Schluss alles zusammen.

ABRECHNUNG			
Gegenstand	Anzahl	Einzelpreis	Gesamtpreis
Puzzle – 15 Teile	17	2,25 €	38,25 €
Puzzle – 24 Teile	15	3,90 €	
Puzzle – 72 Teile	8	6,95 €	
Klappkarten	35	2,50€	
		Gesamt-Summe:	

2,25 € · 17
2250
1575
38,25 €

2 Schreibe die Abrechnungen für die anderen Klassen.
Rechne die Gesamtpreise und die Gesamt-Summe aus.
a) 2. Klassen: 22 Quartettspiele, 11 Brettspiele, 28 Klappkarten
b) 3. Klassen: 32 Batik-Karten, 6 Geburtstagskalender DIN A4, 12 Geburtstagskalender DIN A6, 11 Paarspiele
c) 4. Klassen: 9 Foto-Alben, 8 Bilderbücher, 15 Klappkarten, 150 Sticker

3 Wie viel Geld hat die Schule durch den Verkauf der selbst gebastelten Spiele und Karten eingenommen?

4 Wie viel Geld hat die Schule durch den Verkauf von Kaffee und Kuchen eingenommen?

a) Caféteria
126 Apfelkuchen
135 Marmorkuchen
141 Kaffee

b) Kaffee-Stand Schulhof
72 Apfelkuchen
115 Marmorkuchen
92 Kaffee

c) Getränke-Stand
163 Kaffee
268 Saft

Apfelkuchen	1,60 €
Marmorkuchen	1,10 €
Kaffee	0,90 €
Saft	0,75 €

5 a) 60,26 € · 32
85,34 € · 28
b) 57,09 € · 45
74,18 € · 76
c) 90,37 € · 63
48,09 € · 96
d) 8,65 € · 304
9,07 € · 690

1 928,32 € 2 389,52 € 2 569,05 € 2 629,60 € 3 657,40 € 4 616,64 € 5 637,68 € 5 693,31 € 6 258,30 €

6 Multipliziere mit 105. Dann addiere die drei Beträge. Was fällt auf?
a) 8,21 € 30,57 € 61,22 €
b) 0,79 € 20,18 € 79,03 €

1

2 a) 9031 : 11　　b) 7623 : 11　　c) 33935 : 11　　d) 20856 : 11　　e) 23606 : 11
6424 : 11　　5973 : 11　　11275 : 11　　10857 : 11　　88275 : 11

584　543　639　693　821　987　1025　1896　2146　3085　8025

3 Dividiere erst durch 11, dann das Ergebnis durch 7.

a) Vergleiche die Ergebnisse. Was fällt dir auf?

1001　2002　3003　4004　5005　6006　7007　8008

b) Wie geht es weiter? Findest du noch weitere Aufgaben?

4

5 a) 17270 : 20　　b) 41360 : 30　　c) 123770 : 50　　d) 357620 : 40
35326 : 20　　28369 : 30　　156853 : 50　　328484 : 40

6 Aufgaben ohne Rest. Jeder Quotient hat die Quersumme 14.

a) 27420 : 30　　b) 21400 : 50　　c) 68080 : 80　　d) 32700 : 60
26120 : 40　　19250 : 70　　66060 : 90　　18460 : 20

7 Achtung! Nullen im Ergebnis. Jeder Quotient hat die Quersumme 11.

a) 246030 : 30　　b) 497210 : 70　　c) 293400 : 90　　d) 303600 : 60
240920 : 40　　322720 : 80　　420350 : 70　　450100 : 50

8 Dividiere　a) durch 5,　b) durch 50.
Rechne erst die Aufgaben, bei denen kein Rest bleibt.

125　354　600　2750　30030　60500　203250　555555

9 a) 135,60 € : 20　　b) 412,50 € : 50　　c) 1267,20 € : 90　　d) 650 € : 40
436,20 € : 30　　621,20 € : 40　　1030,40 € : 80　　1100 € : 80

5,61 €　6,78 €　8,25 €　12,88 €　13,75 €　14,08 €　14,54 €　15,53 €　16,25 €

1 So sah es im Jahre 1633 in Mainz aus. Wie viele Jahre ist das her? Was ist heute wohl alles anders? Wie war es bei euch vor vielen Jahren?

2 Damals war Mainz eine Residenzstadt, in der Fürsten, Adlige, deren Bedienstete, aber auch viele Handwerker und Kaufleute lebten. Ab 1850 wurden viele Fabriken in Mainz gebaut, immer mehr Menschen kamen in die Stadt.
Zeichne ein Balkendiagramm (1 mm für 1 000 Einwohner).

Jahr	1633	1780	1806	1846	1871	1900
Einwohner	15 000	30 000	26 000	41 000	54 000	85 000

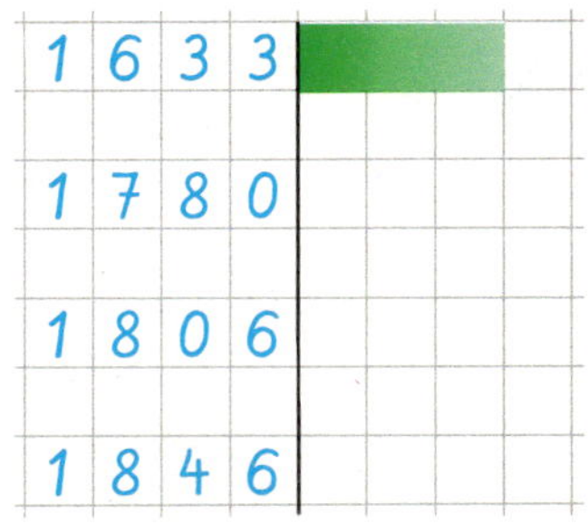

3 Stimmt das?

a) 1900 wohnten mehr als dreimal so viele Menschen in Mainz wie 1806.

b) 1871 wohnten mehr als doppelt so viele Menschen in der Stadt wie 1806.

c) 1900 wohnten mehr als fünfmal so viele Menschen in Mainz wie 1633.

4 Seit 1900 hat sich die Einwohnerzahl in Mainz stark verändert.
Zeichne ein Balkendiagramm (4 mm für 10 000 Einwohner).

1900	1920	1940	1945	1970	1980	2000
85 000	100 000	120 000	85 000	175 000	185 000	180 000

5 a) Warum ist die Einwohnerzahl von 1945 besonders aufgeführt?
b) Zu welchen Zeiten sind die Einwohnerzahlen gestiegen? Zu welchen Zeiten gesunken? Finde Begründungen dafür. Du kannst deine Eltern und Großeltern fragen.

6 a) Erkundige dich nach der Entwicklung der Einwohnerzahlen in deiner Stadt (in einer größeren Stadt in eurer Nähe).
b) Zeichne ein Balkendiagramm. Wie legst du die Anzahl der Kästchen fest?
c) Warum sind die Einwohnerzahlen gestiegen oder gesunken?

1 Klimadiagramme helfen, die monatlichen Durchschnittswerte der Temperaturen (linke Skala) und der Niederschläge (rechte Skala) zu ermitteln und mit anderen Orten zu vergleichen.

a) Lies die Werte ab und übertrage sie in eine Tabelle (wie in Aufgabe 2).

b) Wie hoch ist die durchschnittliche Niederschlagsmenge pro Jahr von Mainz?

Mainz (Durchschnitt der letzten 30 Jahre)

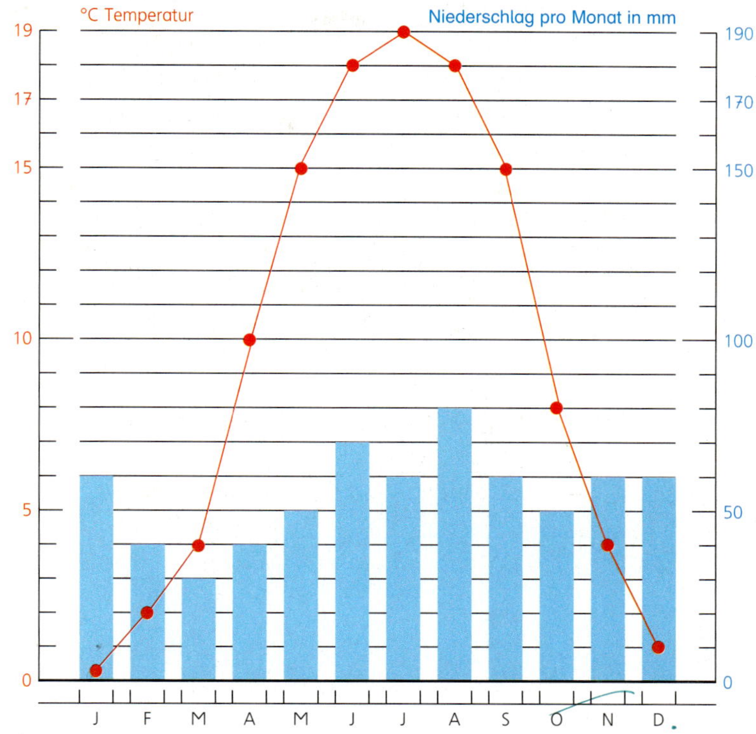

2 Die Tabelle zeigt die Klimawerte von Frankfurt.

	J	F	M	A	M	J	J	A	S	O	N	D
mm	44	40	51	52	61	70	63	65	48	51	59	54
°C	0,7	1,8	5,2	9,2	13	13,7	18,9	18,3	14,8	9,8	4,7	1,8

a) Runde die Angaben: Temperaturen auf ganze °C, Niederschläge auf Zehner.

b) Zeichne das dazugehörende Klimadiagramm in dein Heft. Für 1 °C und 10 mm Niederschlag nimmst du an der Skala jeweils 1 Kästchen. Die Säulen und die Abstände zwischen den Säulen werden auch 1 Kästchen breit.

c) Vergleiche die Klimawerte und Klimadiagramme von Mainz und Frankfurt.

d) Wie hoch ist die durchschnittliche Niederschlagsmenge pro Jahr von Frankfurt?

e) Vergleiche mit den Klimawerten deines Wohnortes.

3 Die Niederschlagsmengen pro Jahr unterscheiden sich in Deutschland und Europa stark. Ordne die Werte der ausgewählten Orte nach der Größe. Ergänze die Werte von Mainz und Frankfurt. Runde die Werte auf Zehner. Zeichne sie dann in ein Säulendiagramm. Beginne mit dem niedrigsten Wert (1 mm für 10 mm Niederschlag).

a)

Ort	Niederschlag/Jahr	Ort	Niederschlag/Jahr
Hamburg	770 mm	Berlin	584 mm
München	804 mm	Wiesbaden	634 mm
Dresden	696 mm	Kiel	750 mm
Mainz	■	Frankfurt	■

b)

London	753 mm	Stockholm	532 mm
Rom	756 mm	Madrid	459 mm
Paris	639 mm	Istanbul	698 mm

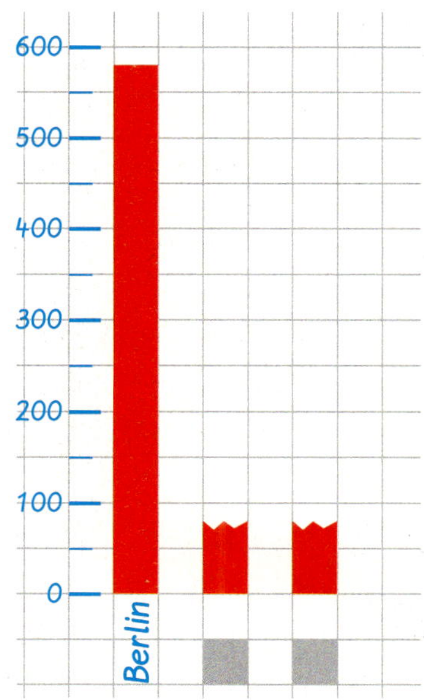

1 Wo hast du schon einmal römische Zahlzeichen gesehen? Erzähle.

2 Gibt es auch in deiner Stadt Gebäude mit römischen Zahlzeichen?
Schreibe sie ab oder mache ein Foto.
Was bedeuten die Zahlzeichen?

3 Welche Zahlen sind es?

a) XXIII
CXXXI

b) MCCII
MMXII

c) CCXXII
DCCLX

4 Steht ein kleineres Zahlzeichen hinter einem größeren, so wird es addiert, steht es davor, so wird es subtrahiert. Welche Zahlen sind es?

IV VI VIII IX XI XV XIX XXVII XXIX XXXIV

5 Welche Zahlen sind es?
Beachte: Jedes der Zeichen I, X, C und M kommt höchstens dreimal hintereinander vor.

CCX CXC CCCX CDLIX MDCC

6 Wann sind diese Gebäude gebaut worden?

MDCCIV MDCCCLIX MCCCLXVII MCMIX MDCLXXXVI

7 Schreibe mit römischen Zahlzeichen.

a) 53
99

b) 135
198

c) 1 510
1 309

d) 1 676
2 002

e) 2 507
1 999

f) 3 959
1 998

8 Welche Zahlen in unserer und in der römischen Schreibweise gehören zusammen?

756 DCCLVI 323 MDCCCXLIV 1 844 CCLXXXV
CCCXXIII MMDCCLXXVII 285 424 CDXXIV 2 777

1

Das sind LIXLIX-Zahlen.	Das sind keine LIXLIX-Zahlen.
231 231, 705 705, 662 662, 282 282, 170 170	123 456, 83 830, 262 263, 471 174

LIXLIX-Zahlen
- wie du sie bildest
- wie du damit eine Zahl errätst.

a) Welche Zahlen sind LIXLIX-Zahlen?

269 269 47 770 701 107 361 361 505 550 303 303 987 876 888 888

b) Aus den Ziffern 3, 5 und 7 kannst du sechs LIXLIX-Zahlen bilden.

c) Wie viele LIXLIX-Zahlen kannst du aus zwei Einsen und einer Acht bilden?

2 a) Wähle eine ZAHL zwischen 100 und 500.
Multipliziere die ZAHL mit 91.
Multipliziere das Produkt mit 22.
Du erhältst eine LIXLIX-Zahl.

b) Diese LIXLIX-Zahlen sind die Produkte.
Mit welchen ZAHLEN wurde multipliziert?

648 648 810 810 340 340 434 434 550 550 374 374

3 Spielt zu zweit. Einer wählt eine ZAHL und rechnet wie in Aufgabe 2.
Dann zeigt er das Produkt seiner Partnerin. Sie rät die ZAHL.

4 a) Wähle eine ZAHL zwischen 10 und 90.
Ihre Quersumme soll kleiner als 10 sein.
Multipliziere die ZAHL mit 143.
Multipliziere das Produkt mit 77.

b) Das sind die Produkte.
Mit welchen ZAHLEN wurde multipliziert?
Prüfe nach.

253 253 594 594 781 781 462 462 220 220 484 484

c) Hier hat Zahline Ziffern im Ergebnis unleserlich gemacht. Findest du sie wieder?

3■■■■4 28■■■■ 1■■■7■ ■9■■■3 ■3■■■0 ■5■5■■

5 a) Wähle eine ZAHL zwischen 100 und 1 000.
Multipliziere die ZAHL mit 77.
Multipliziere das Produkt mit 13.

b) Erkläre, wieso Zahlines Behauptung stimmt.

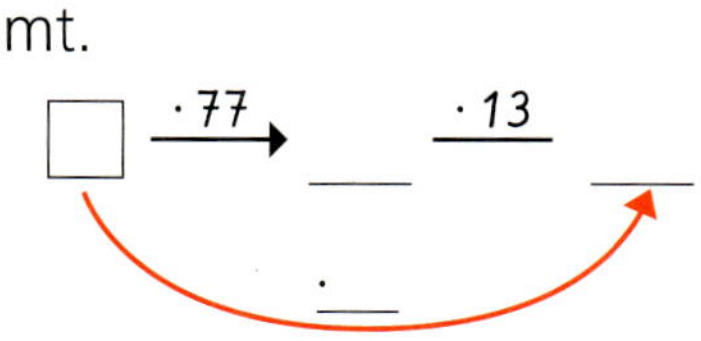

1 Warum fliegen manche Vogelarten im Winter in den Süden?

2 Wohin ziehen die Zugvögel im Herbst?

3 Wie viele Zugvögel gibt es in Deutschland?

4 Warum finden die Vögel in der Sahara keine Nahrung?

5 Wie lang ist die Strecke über die Wüste, auf der sie keine Nahrung finden?

6 Die Schwalbe fliegt mehr als das Doppelte des Weißstorches. Stimmt das?

Zugvögel

Vögel, die sich hauptsächlich von Insekten ernähren, finden im Winter in Deutschland keine Nahrung mehr. Diese Vögel ziehen im Herbst in den wärmeren Süden, hauptsächlich nach Afrika und in den Mittelmeerraum. Man nennt diese Vögel Zugvögel. Man schätzt die Anzahl der Zugvögel in Deutschland auf 2 Milliarden (2 000 000 000)!

Wenn die Flugroute der Vögel über die Wüste Sahara führt, finden sie über 2 500 km keine Nahrung. Deshalb benötigen sie für ihre Reise große Fettreserven, die sie sich vorher anfressen.

Zugvögel vollbringen fantastische Leistungen auf ihrem Zug. So fliegt der Weißstorch bis in den Süden Afrikas 10 000 km. Die Schwalbe aber hält den Streckenrekord mit 36 000 km pro Jahr.

7 Der Weißstorch fliegt etwa 200 km am Tag. Wie viele Tage braucht er bis zu seinem Ziel im Süden Afrikas?

8 Der Weißstorch fliegt 50 km in einer Stunde. Wie viele Flugstunden braucht er bis zu seinem Ziel im Süden Afrikas?

9 Kleinere Vögel fliegen höchstens 40 km in einer Stunde. Wie viele Flugstunden brauchen sie, um die Sahara zu überqueren?

10 Schwalben können 15 Jahre alt werden.

a) Wie viele Kilometer legen sie dann insgesamt bei ihrem Zug in den Süden zurück.

b) Einmal um die Erde sind es ungefähr 42 000 km. Wie oft hat eine sechsjährige Schwalbe schon die Erde umrundet?

c) Wie oft eine Schwalbe, die 15 Jahre alt ist?

1 Geschwindigkeiten werden in Kilometer pro Stunde (km/h) verglichen.

a)

Erinnere dich:
1 Stunde (h) = 60 Minuten (min)
1 Minute (min) = 60 Sekunden (s)

15 km	15 000 m	____ m	50 m
1 h	60 min	1 min	____ s

b) Zahlix stoppt Zahlines 50-m-Lauf. Sie läuft 10 s. Mit welcher Geschwindigkeit ist Zahline gelaufen?

50 m	____ m	____ m	____ km
10 s	1 min	60 min	1 h

2 Kurzstreckenrekorde

a)

Geparde sind über kurze Strecken die schnellsten Landtiere der Welt. Sie können eine Geschwindigkeit von 120 km/h erreichen. Wie viel Sekunden brauchen sie für 100 m?

b)

Die schnellsten Menschen laufen die 100-m-Strecke in ungefähr 10 s. Mit welcher Geschwindigkeit laufen sie?

3 Langstreckenläufer

a)

Im Ausdauerbereich gehören die Antilopen zu den schnellsten Landtieren. Sie laufen mit einer Geschwindigkeit von 90 km/h. Wie viel Sekunden brauchen sie für 1 000 m?

b)

Spitzensportler im Ausdauerbereich benötigen für 1 000 m ungefähr 2 min 30 s. Mit welcher Geschwindigkeit laufen sie?

4 Geschwindigkeitsrekorde

a)

Der Wanderfalke stürzt sich aus großer Höhe mit angelegten Flügeln auf seine Beute. In einer Sekunde legt er dabei 90 m zurück.

b)

Auf gerader Strecke fährt ein Rennwagen 360 km/h. Wie viel Meter sind das in einer Sekunde?

1

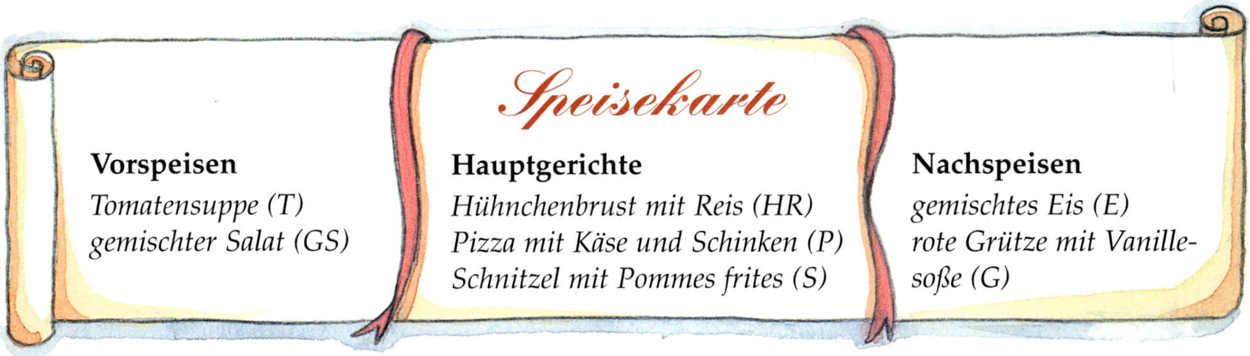

Welche Möglichkeiten gibt es, ein Menü aus Vorspeise, Hauptgericht und Nachspeise zusammenzustellen?
Schreibe alle Möglichkeiten auf.
Benutze dabei die Abkürzungen.

1. T – HR – E
2. T – P – E
3. …

2 a) Zahlix hat in seinem Kleiderschrank fünf T-Shirts und drei Hosen. Auf wie viele Arten kann er sich anders anziehen? Schreibe alle Möglichkeiten auf.

b) Jetzt kommen noch zwei Paar unterschiedliche Schuhe dazu. Wie viele Möglichkeiten gibt es jetzt? Schreibe alle Möglichkeiten auf.

3 Tina trainiert für das Springreiten. Auf dem Reitplatz sind vier verschiedene Hindernisse aufgestellt.
Wie viele verschiedene Möglichkeiten gibt es, die Hindernisse in unterschiedlicher Reihenfolge zu überspringen?
Schreibe alle Möglichkeiten auf.

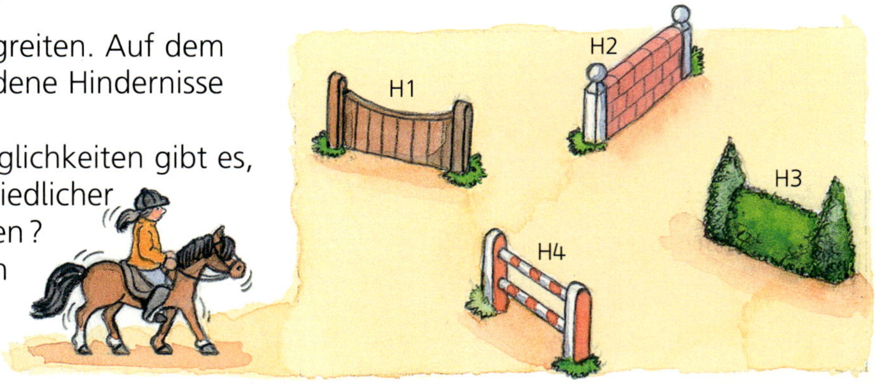

4 a) Bilde mit diesen Zahlen Plus-Aufgaben aus zwei Summanden. In einer Aufgabe darf jede Zahl nur einmal verwendet werden. Wie viele Möglichkeiten gibt es? Schreibe sie alle auf.

6700 + 2100 =
6700 + 560 =

b) Nun sollst du nach der gleichen Regel mit den gleichen Zahlen Minus-Aufgaben aus jeweils zwei Zahlen bilden. Die erste Zahl muss immer größer als die zweite sein. Wie viele Möglichkeiten gibt es jetzt?

5 Nimm drei Ziffernkärtchen.
Wie viele dreistellige Zahlen kannst du damit legen?
Benutze immer alle Kärtchen. Schreibe die Zahlen auf.

1 Würfele dreißigmal mit zwei Würfeln. Dein Partner addiert die Augenzahlen und macht einen Strich für die Summe in der Tabelle.

a) Welche Summe kommt am häufigsten vor? Vermute.

b) Tragt alle Ergebnisse der Gruppen zusammen. Was stellt ihr fest?

Summe der Augenzahlen					
2	3	4	5	6	7

2 Erstelle für die Summen der Augenzahlen eine Tabelle.

a) Schau dir die Ergebnisse in der Tabelle an. Was stellst du fest?

b) Vergleiche die Strichliste mit der Tabelle. Erkläre.

+	⚀	⚁	⚂	⚃
⚀				
⚁				

3 In welchen Beutel greifst du, um wahrscheinlich zu gewinnen? Entscheide und begründe.

a)

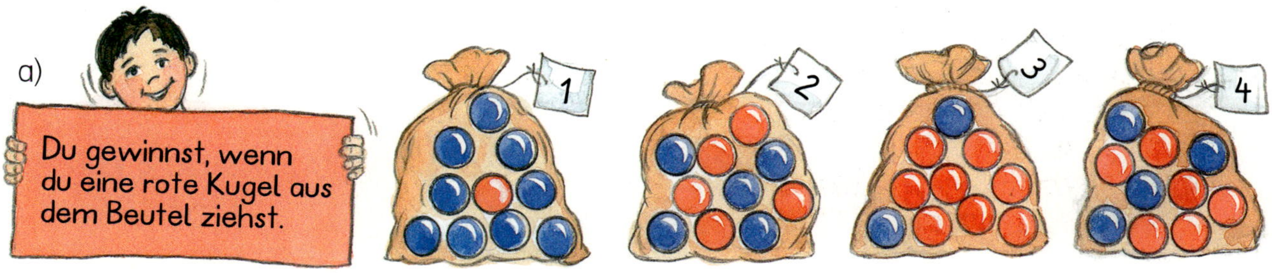

b)

4 Plättchen werfen auf ein großes Quadrat.
Wenn das Plättchen auf ein blaues Feld fällt, hast du gewonnen.
Welches Quadrat wählst du?

A B C D E F

5 Fülle ein Säckchen mit den Zahlen von 1 bis 100.
Zahlen aus der Vierer-Reihe gewinnen. Ziehe 4 Lose.

a) Was vermutest du?

b) Probiere es selbst aus und überprüfe dabei deine Vermutung.

1 Setze alle passenden Zahlen ein.

a) 4 · ___ < 20
6 · ___ < 30
30 · ___ < 150

b) 60 · ___ < 600
90 · ___ < 270
250 · ___ < 4 000

c) 2 404 + ___ < 2 409
3 998 + ___ < 4 000
1 249 + ___ < 1 254

d) 1 200 − ___ > 1 195
3 333 − ___ > 3 323
7 000 − ___ > 6 992

2 Gib immer drei Zahlen an, die du einsetzen kannst.

a) 3 400 + ___ < 3 490
5 560 + ___ < 5 566
1 348 + ___ < 1 354
2 556 + ___ < 2 561

b) 60 · ___ < 480
80 · ___ < 650
90 · ___ < 900
40 · ___ < 270

c) 2 500 − ___ > 2 400
10 000 − ___ > 9 988
4 972 − ___ > 3 972
7 648 − ___ > 7 622

3 Gib immer drei Zahlen an, die du einsetzen kannst.
Welches ist die größte Zahl, welches ist die kleinste Zahl, die du einsetzen kannst?

a) 629 > 7 · ___
730 > 9 · ___
361 > ___ · 5
445 > ___ · 6

b) 5 203 + ___ < 5 302
___ + 4 819 < 6 455
999 + ___ < 10 000
___ + 2 711 < 7 211

c) 2 605 > 6 605 − ___
4 444 > ___ − 2 222
3 030 < 7 000 − ___
5 525 < 8 040 − ___

4 Setze ein: <, > oder =?

a) 426 + 64 ○ 500
200 · 4 ○ 8 000
7 200 : 90 ○ 70
600 : 60 ○ 10
150 · 15 ○ 5 000

b) 7 002 + 2 999 ○ 10 000
5 000 − 2 555 ○ 2 445
6 · 60 ○ 3 600
3 · 250 ○ 1 000
4 · 800 ○ 4 000

c) 6 300 : 7 ○ 8
1 000 · 100 ○ 100 000
3 200 : 80 ○ 4
4 890 + 4 890 ○ 9 800
3 000 : 5 ○ 800

5 Schreibe deinem Partner fünf Ungleichungen auf. Er löst sie dann.

6

a) Welche Zahlen kannst du zu 4 496 addieren, damit du weniger als 5 502 erhältst?

b) Welche Zahlen kannst du von 3 775 subtrahieren, damit du mehr als 3 768 erhältst?

c) Welche Zahlen kannst du von 9 005 subtrahieren, damit du mehr als 8 993 erhältst?

7 Dividiere 360 000 durch einstellige Zahlen. Das Ergebnis soll größer als 50 000 sein.
Welche Zahlen sind es?
Schreibe auch die Ungleichung auf.

8 Dividiere 480 000 durch einstellige Zahlen. Das Ergebnis soll kleiner als 100 000 sein.

1

Die Hüfte des **Stegosaurus** war ungefähr so groß wie ein Klassenraum. Er war 9 m lang und wog 1,8 t. Eine Rückenplatte war 76 cm hoch und 78,5 cm lang. Er lebte vor 110 Millionen Jahren.

Stegosaurus

Große Tiere werden verkleinert gezeichnet. Nur so passen sie auf eine Buchseite. Einige Dinosaurier waren Riesen.
In Wirklichkeit waren sie hundertmal größer als auf dem Bild.

Vergleiche die Länge des Stegosaurus im Bild und im Text.

2 Der **Ceratosaurus** und der **Iguanodon** sind im Maßstab 1 : 100 gezeichnet.
Miss und fertige für beide Dinosaurier einen Steckbrief an.

STECKBRIEF Ceratosaurus

	Bild	Wirklichkeit
Länge des Körpers		
Länge des Kopfes		
Länge des Schwanzes		
Höhe des Körpers		

Der Name **Iguanodon** bedeutet Leguanzahn. Er war 9 m lang.
Richtete er sich auf, so erreichte er die Höhe eines zweistöckigen Hauses.
Sein Gewicht betrug 4,5 t.
Er lebte vor 140 Millionen Jahren.

Iguanodon

3 Der **Tyrannosaurus** und der **Brachiosaurus** waren so riesig, dass sie nur im Maßstab 1 : 200 nebeneinander auf diese Buchseite passen. Miss und fertige für beide Dinosaurier einen Steckbrief an.

Der **Tyrannosaurus** war 12 m lang und 15,6 m hoch. Er war so schwer wie ein Elefant: 6,4 t.
Er lebte vor 70 Millionen Jahren.

Der **Brachiosaurus** war einer der mächtigsten Dinosaurier.
Seine Länge betrug 18 m.
Er wog 77 t. Der Brachiosaurus lebte vor 150 Millionen Jahren.
Vergleiche seine Größe mit einer Giraffe und einem Menschen.

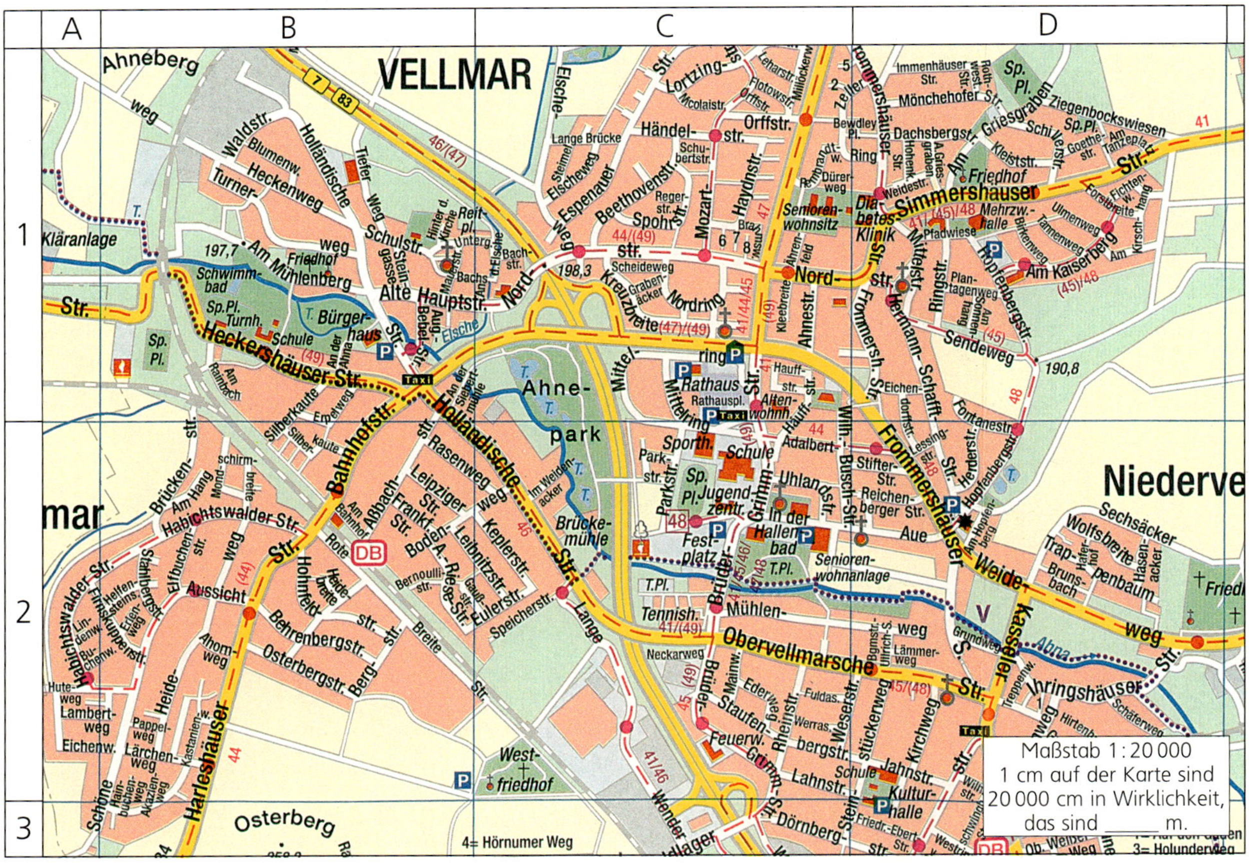

1 Was kannst du alles im Stadtplan von Vellmar (bei Kassel) sehen? Erzähle.

2 Der Stadtplan ist in Quadrate eingeteilt. Zu jedem Planquadrat gehört ein Buchstabe und eine Zahl.
Suche die Straßen auf dem Kartenausschnitt.
Schreibe die Planquadrate auf.

a) Keplerstraße C 2

a) Keplerstraße
b) Weideweg
c) Nordring
d) Parkstraße
e) Ziegenbockswiesen
f) Heckershäuser Straße

3 Suche die Gebäude und Plätze auf dem Kartenausschnitt. Schreibe die Planquadrate auf.

a) Brückemühle
b) Hallenbad
c) Feuerwehr
d) Tennishalle
e) Reitplatz
f) Bahnhof

4 Wie heißt der Fluss, der im Kartenausschnitt eingezeichnet ist?

5 Wie viele Kirchen findest du?

6 Wie viele Parkplätze findest du?

7 Wo liegt das Bäumeviertel? Schreibe das Planquadrat auf.

8 Pia, Anna, Simon und Tom wollen sich am Nachmittag im Hallenbad treffen.
Wie weit ist ihr Weg? Miss und rechne.
Pia: „Ich wohne am Rathausplatz. Von dort zu Fuß sind es noch _____ m."
Anna: „Ich wohne in der Jahnstraße bei der Schule."

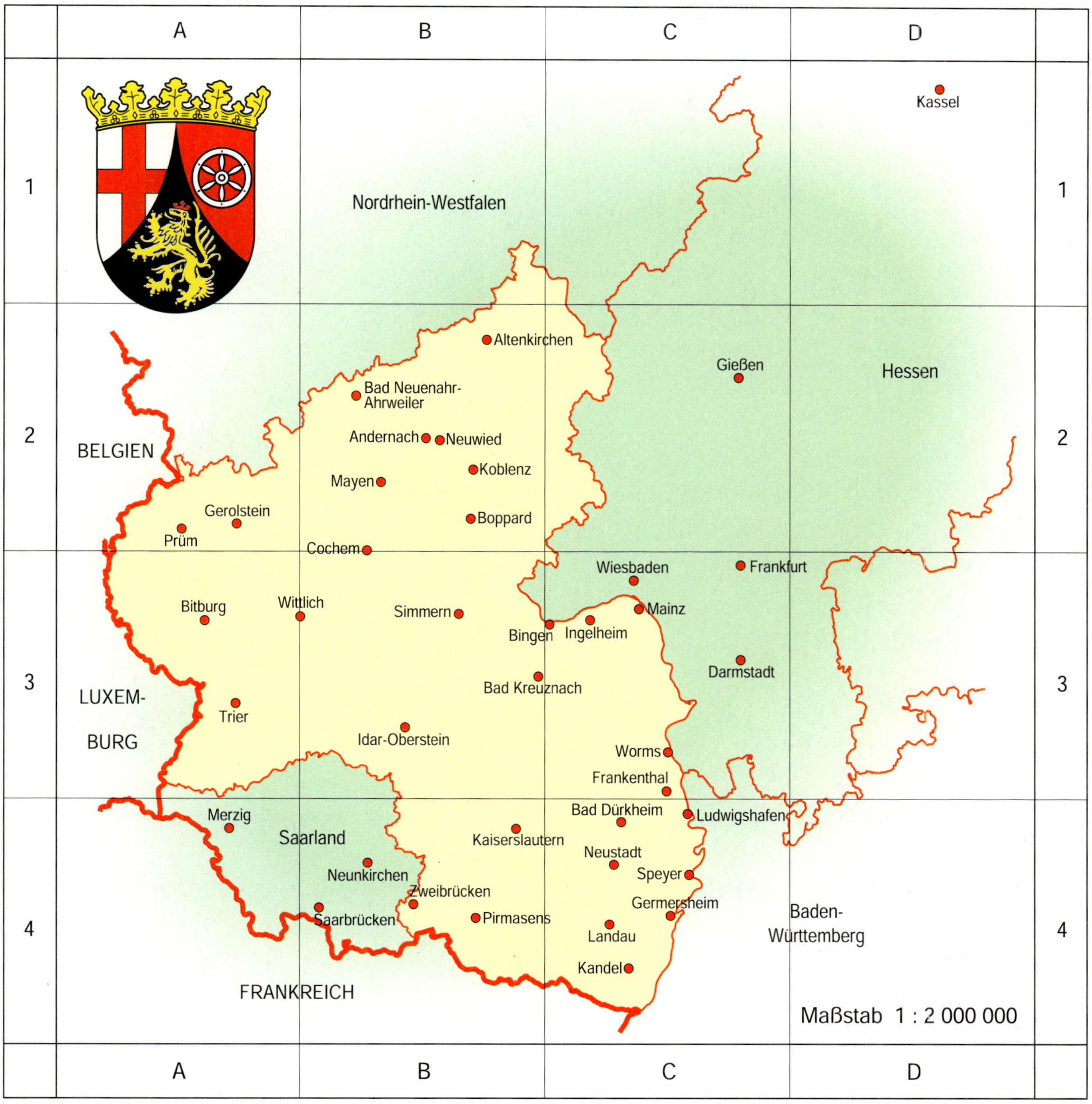

1 Das ist eine Karte von Rheinland-Pfalz. Die Karte ist in Quadrate eingeteilt. Zu jedem Quadrat gehört ein Buchstabe und eine Zahl. Koblenz liegt im Quadrat B2. Wo liegen die Städte?

a) Trier
b) Kaiserslautern
c) Neuwied
d) Prüm
e) dein Wohnort
f) die Landeshauptstadt

2 Welche Städte liegen in dem Quadrat C2? Schau in einem Atlas nach.

3 Die Karte ist in einem sehr kleinen Maßstab gezeichnet. Wie weit sind die Städte voneinander entfernt? Miss die Luftlinien und berechne die Entfernungen.

a) Kaiserslautern – Bad Kreuznach
b) Speyer – Kandel
c) Trier – Gerolstein
d) Boppard – Koblenz
e) Worms – Mainz
f) Trier – Saarbrücken

Maßstab 1 : 2 000 000

1 cm auf der Karte sind
2 000 000 cm in der Wirklichkeit,
das sind 20 000 m,
das sind ______ km.

4 Miss und rechne: Wie weit ist es von deinem Wohnort bis

a) Bingen,
b) Worms,
c) Cochem,
d) Landau?

Vera, Tim und Lea haben mehrere Kaninchen und mehrere Kaninchenställe.

a) Wenn Vera in jeden Stall ein Kaninchen setzt, bleibt ein Kaninchen übrig. Setzt sie in jeden Stall zwei Kaninchen, bleibt ein Stall leer.

b) Wenn Tim in jeden Stall ein Kaninchen setzt, bleiben drei Kaninchen übrig. Setzt er in jeden Stall zwei Kaninchen, bleiben zwei Ställe leer.

c) Wenn Lea in jeden Stall zwei Kaninchen setzt, bleibt ein Kaninchen übrig. Setzt sie in jeden Stall drei Kaninchen, bleibt ein Stall leer.

Wie viele Quadrate siehst du?

Wie viele Dreiecke?

Gleiches Zeichen – gleiche Ziffer.

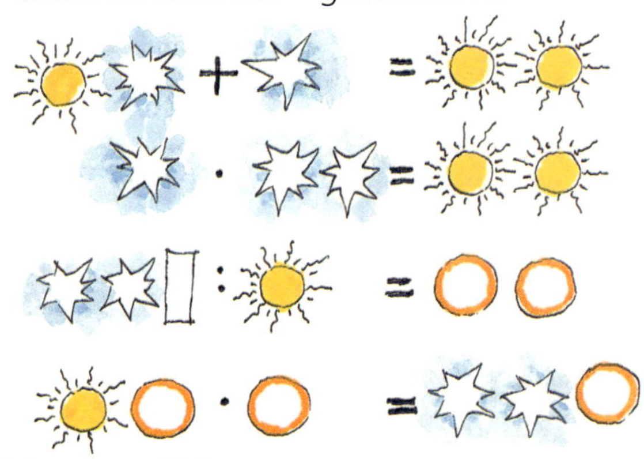

Mark und Tom stehen in einer Schlange an der Hüpfburg. Mark steht an 11. Stelle und Tom an 17. Stelle.
Hinter Tom stehen doppelt so viele Kinder wie zwischen Mark und Tom.
Wie viele Kinder stehen in der Schlange?

Ein alter Mann geht nach Rüdesheim.
Auf dem Weg kommen ihm 3 Frauen entgegen. Jede Frau trägt 3 Körbe.
In jedem Korb sind 3 Katzen und jede Katze hat 3 Junge.
Wie viele Beine gehen nach Rüdesheim?

Wie viele Steine fehlen zur vollständigen Mauer?

Im Januar kann es vier oder fünf Sonntage geben. Zahlix sagt: „In diesem Jahr gab es im Januar vier Sonntage und auch vier Mittwoche."
Zahline: „Dann kann ich dir sagen, auf welchen Wochentag der Neujahrstag fiel."

Tina hat die Nummer von ihrem Fahrradschloss vergessen. Sie weiß noch, dass die Zahlen ihres Geburtstages vorkamen. Das ist der 15. 6. Außerdem erinnert sie sich noch an ihre Glückszahl, die 9. Nun muss sie alle Möglichkeiten ausprobieren.

Welcher Song steht in den Top Ten auf welchem Platz?

Addieren und subtrahieren

$1400 + 316 = 1716$

1400 und 316: Summand; 1716: Summe

$8420 - 290 = 8130$

8130: Differenz

Summanden kann man vertauschen.

1400 + 316 = 1716   316 + 1400 = 1716

Gleichung

2700 + ____ = 3600

2700 + 900 = 3600

Ungleichung

____ + 300 < 303

Lösungen: 0, 1, 2

Punkte und Linien

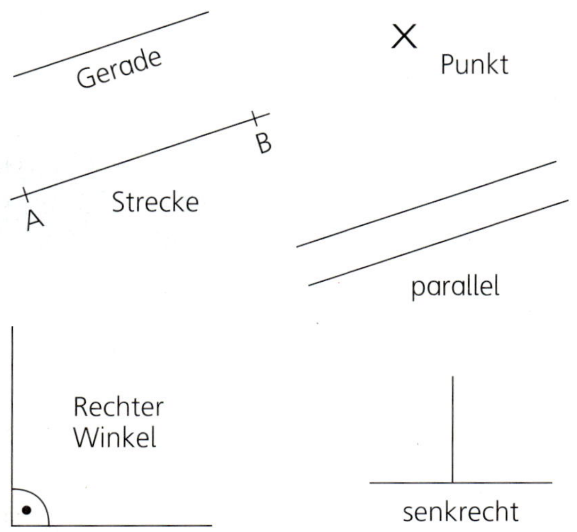

Quadratmeter

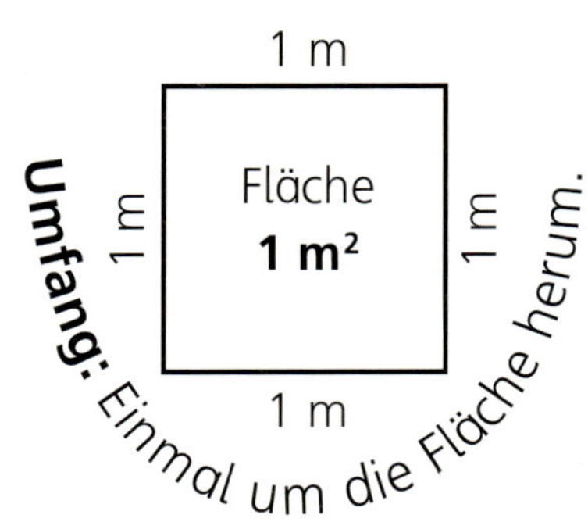

Größen

Längen

1 km = 1000 m
1 m = 100 cm
1 cm = 10 mm

Gewicht

1 t = 1000 kg
1 kg = 1000 g

Geld

1 Euro = 100 Cent
1 € = 100 ct

Zeit

1 Tag = 24 Stunden
1 Stunde (h) = 60 Minuten (min)
1 Minute (min) = 60 Sekunden (s)

Hohlmaße

1 l = 1,0 l = 1000 ml
$\frac{1}{2}$ l = 0,5 l = 500 ml
$\frac{1}{4}$ l = 0,25 l = 250 ml
$\frac{1}{8}$ l = 0,125 l = 125 ml

Multiplizieren und dividieren

80 · 700 = 56 000
(80 und 700: Faktor; 56 000: Produkt)

14 000 : 70 = 200
(200: Quotient)

Faktoren kann man vertauschen.

80 · 700 = 56 000 700 · 80 = 56 000

Zahlen vergleichen

3 001 > 2 999 (größer als)
3 001 < 3 002 (kleiner als)
3 001 = 3 001 (gleich)

Zahlenfolgen:

1 000, 1 020, 1 010, 1 030, …
Regel: + 20; – 10

Vorgänger und Nachfolger

V	Zahl	N
887	888	889
1 598	1 599	1 600
9 999	10 000	10 001

Körper

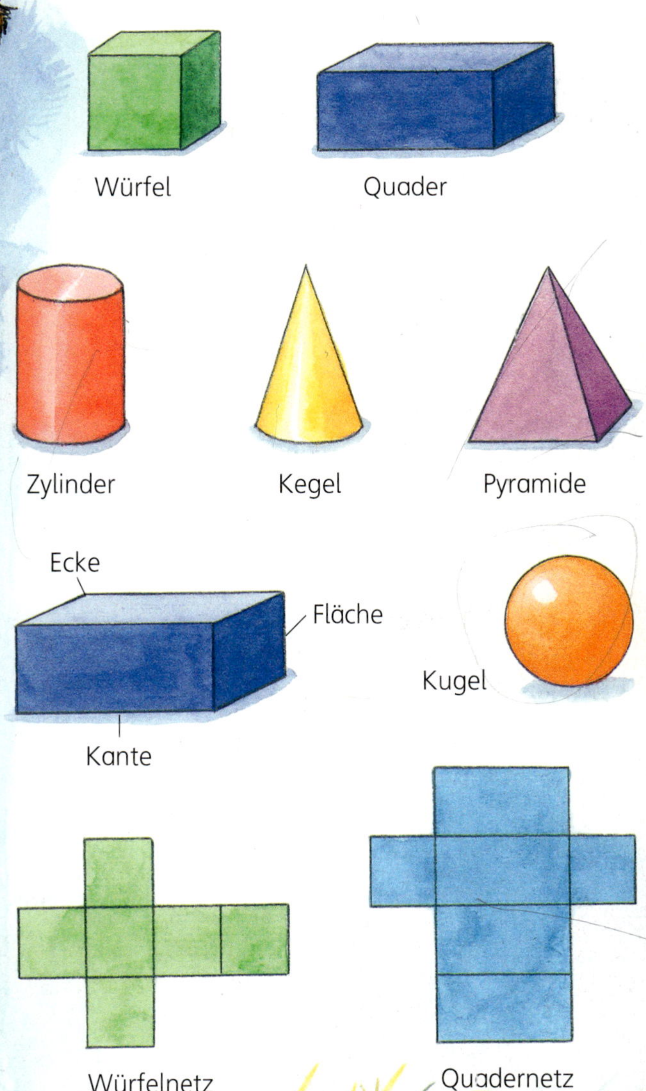

Flächen

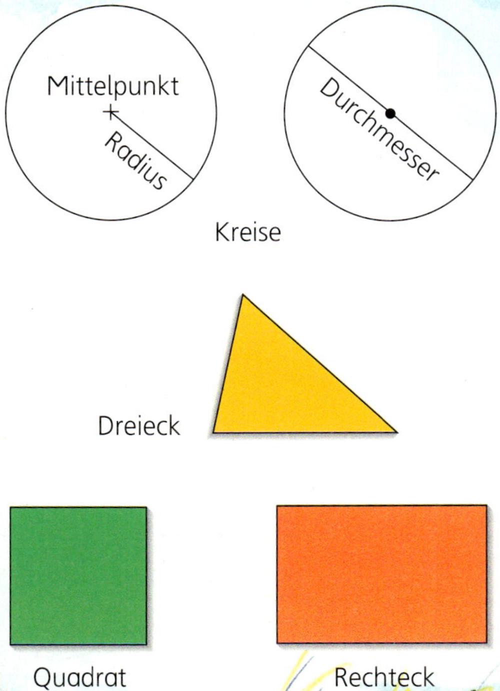

1 zu Seite 6

a) 320 | 280 | 560 + 280 | 350 | 89

b) 640 | 370 | 590 + 73 | 97 | 44

2

a)	b)	c)	d)	e)
68 + 360	43 + 510	66 + 660	30 + 614	90 + 136
84 + 280	76 + 380	39 + 730	70 + 496	60 + 381
96 + 540	52 + 470	71 + 840	50 + 918	20 + 796

3

a)	b)	c)	d)	e)	f)
317	667	207	83	681	481
+ 46	+ 109	+ 339	+ 237	+ 194	+ 209
+ 283	+ 273	+ 177	+ 596	+ 87	+ 186

4 zu Seite 8

a) 940 | 670 | 820 − 130 | 460 | 290

b) 423 | 716 | 363 − 40 | 80 | 70

5

a)	b)	c)	d)	e)
442 − 60	620 − 33	700 − 84	500 − 41	720 − 49
617 − 80	940 − 27	420 − 43	340 − 57	850 − 99
973 − 90	800 − 53	260 − 97	950 − 83	340 − 59

6

a)	b)	c)	d)	e)	f)
905	624	806	743	910	623
− 387	− 387	− 597	− 268	− 387	− 297

7 zu Seite 10

a)	b)	c)	d)	e)	f)
4 · 18	5 · 15	4 · 16	15 · 9	17 · 5	9 · 13
6 · 18	7 · 15	8 · 16	16 · 4	14 · 8	4 · 19

64 64 72 75 76 85 96 105 108 112 117 128 135

8

a)	b)	c)	d)
9 · 70	3 · 80	3 · 60	6 · 90
5 · 70	6 · 80	8 · 60	7 · 90
6 · 70	9 · 80	9 · 60	4 · 90

180 210 240 350 360 420 480 480 540 540 630 630 720

9

a)	b)	c)	d)
4 · 80	5 · 90	6 · 70	8 · 60
4 · 83	5 · 96	6 · 74	8 · 65
4 · 87	5 · 98	6 · 77	8 · 68

320 332 348 349 420 444 450 462 480 480 490 520 544

10

a) 4 | 6 | 8 · 24 | 56 | 89

b) 3 | 6 | 9 · 43 | 67 | 75

11 zu Seite 11

a)	b)	c)	d)	e)	f)
630 : 90	560 : 70	540 : 90	480 : 60	420 : 60	180 : 30
490 : 70	360 : 40	400 : 50	800 : 80	700 : 70	270 : 90
240 : 80	450 : 50	320 : 80	150 : 30	350 : 70	240 : 60

12

a) 252 | 324 | 198 : 9 | 3 | 6

b) 152 | 200 | 184 : 8 | 2 | 4

1 Dividiere durch 7: 146 373 247 545 472 691 411 593 663 627

20 R 6 35 R 2 53 R 2 58 R 5 67 R 3 68 R 5 77 R 6 84 R 5 89 R 4 94 R 5 98 R 5

zu Seite 12

2

a)	b)	c)	d)	e)
425 : 6	170 : 4	534 : 6	121 : 2	357 : 7
373 : 7	398 : 9	727 : 8	333 : 4	426 : 8
185 : 9	407 : 8	563 : 7	516 : 6	293 : 7

3 a) Timo kauft fünf Päckchen Sammelbilder zu je 85 ct.

b) Inga kauft vier Tierbücher zu je 1,60 €.

zu Seite 14

4 a) 56 ct | 93 ct · 4 | 6 | 8

b) 1,60 € | 2,40 € · 2 | 3 | 5

5

a)	b)	c)	d)
6,60 € : 6	4,84 € : 4	3,43 € : 7	6,40 € : 4
3,24 € : 6	2,56 € : 8	5,40 € : 3	9,60 € : 8
4,25 € : 5	3,69 € : 9	5,25 € : 5	7,49 € : 7

6 a) Sechs Päckchen Sammelbilder kosten 5,10 €. Wie teuer ist ein Päckchen?

b) Drei Schreibblöcke kosten 3,75 €. Wie teuer ist ein Block?

7 Schreibe die Zahl auf.

zu Seite 18

a)	b)	c)	d)
1 000 + 700 + 70 + 7	1 000 + 50 + 9	1 000 + 600 + 9	2 000 + 700
1 000 + 900 + 90 + 9	1 000 + 100 + 90	1 000 + 400 + 3	2 000 + 70
1 000 + 300 + 30 + 3	1 000 + 70 + 7	1 000 + 900 + 80	2 000 + 7
1 000 + 400 + 90 + 1	1 000 + 600 + 8	1 000 + 700 + 4	2 000 + 600

8 Denke an die Blumen-Aufgabe.

zu Seite 19

a)

b)	c)	d)	e)
660 + 500	830 + 400	710 + 500	760 + 400
664 + 500	831 + 400	711 + 500	768 + 400
669 + 500	839 + 400	719 + 500	761 + 400

f)	g)	h)	i)
540 + 700	790 + 500	360 + 800	700 + 560
540 + 710	790 + 520	360 + 840	700 + 565
547 + 700	790 + 570	365 + 840	700 + 569

9 a)

b)	c)	d)	e)
1 500 − 700	1 300 − 900	1 540 − 600	1 170 − 400
1 510 − 700	1 370 − 900	1 548 − 600	1 171 − 400
1 570 − 700	1 310 − 900	1 541 − 600	1 179 − 400

f)	g)	h)	i)
1 680 − 800	1 420 − 500	1 260 − 300	1 710 − 900
1 684 − 800	1 427 − 500	1 269 − 300	1 717 − 900
1 685 − 800	1 421 − 500	1 261 − 300	1 711 − 900

10 a) 740 | 450 | 1 070 + 470 | 280 | 160

b) 670 | 1 180 | 840 + 440 | 380 | 560

zu Seite 21

11 a) 1 480 | 1 150 | 1 070 − 640 | 710 | 830

b) 1 300 | 1 360 | 1 470 − 410 | 550 | 740

Große Zahlen

1 Wie heißen die Zahlen? Trage in eine Stellentafel ein.

zu Seite 25

HT	ZT	T	H	Z	E

a) 6 T + 5 H + 3 Z + 6 E
4 T + 3 H + 8 Z + 5 E
9 T + 8 H + 2 Z + 7 E

b) 3 T + 5 Z + 6 E
5 T + 8 Z + 2 E
8 T + 2 Z + 9 E

c) 4 T + 7 E
6 T + 3 E
9 T + 9 E

d) 5 T + 3 E
2 T + 8 E
4 T + 2 E

e) 2 ZT + 5 T + 3 H + 7 Z + 4 E
6 ZT + 7 T + 8 H + 2 Z + 1 E
3 ZT + 8 T + 2 H + 4 Z + 7 E

f) 4 ZT + 2 H + 5 E
7 ZT + 6 H + 2 E
6 ZT + 5 H + 9 E

g) 5 ZT + 4 Z
8 ZT + 9 Z
9 ZT + 6 Z

2 Wie heißen die Zahlen?

a) 4 000 + 20 + 5
7 000 + 80 + 7
6 000 + 10 + 9

b) 10 000 + 3 000 + 400 + 8
100 000 + 5 000 + 200 + 1
60 000 + 500 + 3

c) 70 000 + 400 + 30 + 3
90 000 + 6 000 + 60 + 1
80 000 + 1 000 + 10 + 8

3

a) 10 000 + 1 000 + 100 + 10 + 3
40 000 + 8 000 + 200 + 60 + 7
90 000 + 9 000 + 600 + 90 + 8

b) 30 000 + 6 000 + 600 + 1
60 000 + 3 000 + 400 + 9
80 000 + 7 000 + 900 + 3

c) 20 000 + 3 000 + 80
50 000 + 4 000 + 7
90 000 + 9 000 + 9

4 Wo stehen die Ballons? Wie heißen die Nachbartausender?

zu Seite 29

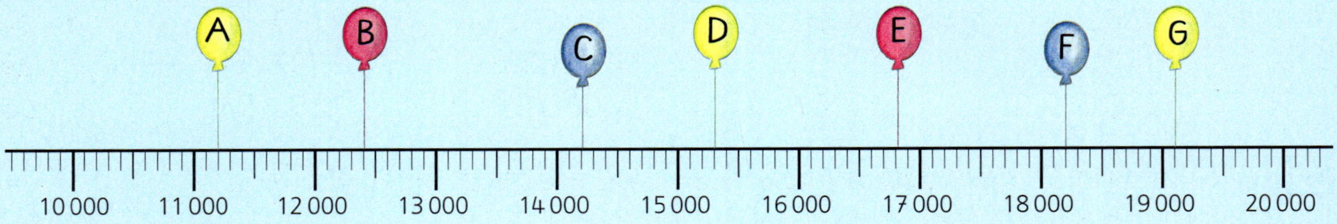

5 Ergänze zu den benachbarten Tausendern.

a) 4 200
3 700

b) 6 800
8 600

c) 4 900
7 400

d) 1 300
9 600

e) 5 800
9 700

f) 8 100
9 500

6 Wähle zwei Zahlen aus und vergleiche.

7 Setze ein: <, >

a) 3 058 ◯ 3 508
2 341 ◯ 2 134
6 006 ◯ 6 060

b) 14 084 ◯ 14 048
19 999 ◯ 20 000
13 099 ◯ 14 000

c) 10 999 ◯ 19 099
11 234 ◯ 11 345
19 999 ◯ 19 998

8 Welche Zahlen sind es?

a) Sie liegt genau in der Mitte zwischen 12 000 und 17 000.

b) Sie ist um 1 000 kleiner als 10 546.

c) Sie ist um 2 500 größer als 19 700.

d) Sie liegt genau in der Mitte zwischen 19 000 und 22 000.

1 Wähle zwei Zahlen aus und vergleiche.

zu Seite 32

a) <

17 000 107 000
175 000 47 000
71 000 170 000
100 700 74 000

b) >

260 000 620 000
62 000 602 000
206 000 625 000
26 000 63 000

c) >

300 001 301 000
31 000 310 000
300 100 320 000
330 000 300 010

2 Kleiner oder größer? Setze ein: <, >

a) 105 000 ◯ 150 000
180 000 ◯ 108 000
174 000 ◯ 147 000

b) 100 500 ◯ 105 000
160 050 ◯ 160 005
100 001 ◯ 100 100

c) 120 200 ◯ 120 002
104 000 ◯ 140 000
177 777 ◯ 107 777

3 Schreibe die Zahlen in Ziffern.

a) fünfhunderttausend
neunhunderttausend
einhunderttausend

b) einhundertzwanzigtausend
sechsundertvierzigtausend
vierhundertsiebzigtausend

c) dreihunderttausendzehn
achthunderttausendzwanzig
einhunderttausenddreißig

4 Schreibe zu jeder Zahl den Vorgänger und den Nachfolger auf.

a) 110 000, 70 000, 220 000
b) 310 000, 301 000, 300 100
c) 400 000, 401 000, 400 010
d) 379 000, 397 000, 390 700
e) 244 000, 999 999, 681 500

5 Wie heißen die Nachbartausender? Schreibe wie im Beispiel.

zu Seite 33

a) 73 600, 94 200, 36 500
b) 124 400, 346 900, 731 300
c) 246 400, 862 200, 914 600
d) 271 300, 395 100, 403 700

168200 + 800 = 169000
168200 − 200 = 168000

6 Schreibe die Nachbarzehntausender und die Nachbarhunderttausender auf.

a) 271 371, 446 644
b) 124 371, 675 114
c) 305 748, 810 710
d) 643 117, 975 607
e) 244 373, 561217

7

a) Meine Zahl liegt genau zwischen 100 000 und 200 000.

b) Meine Zahl ist um 1 kleiner als 200 000.

c) Meine Zahl kommt direkt nach 160 000.

d) Meine Zahl ist um 1 000 kleiner als 130 000.

8 Runde die Zahlen auf Tausender und auf Zehntausender.

zu Seite 35

a) 52 646, 38 079, 70 913, 85 873
b) 70 979, 84 351, 65 080, 24 979
c) 230 597, 547 140, 773 616, 614 174
d) 107 497, 948 948, 375 197, 449 070

9 Runde auf Hunderttausender.

a) 342 119, 640 179
b) 623 948, 781 304
c) 196 371, 249 998
d) 348 109, 291 713
e) 571 678, 816 719

10 Die Zahlen sind auf Tausender gerundet. Welche Zahlen können es gewesen sein? Schreibe immer drei Beispiele dazu.

a) 42 000 b) 95 000 c) 165 000 d) 273 000 e) 432 000

1 zu Seite 41

a) 2 400 + 300
5 100 + 400
8 200 + 600

b) 5 800 + 2 600
2 700 + 3 300
7 900 + 1 500

c) 35 000 + 20 000
48 000 + 30 000
76 000 + 20 000

d) 33 000 + 50 000
78 000 + 20 000
54 000 + 40 000

2

a) 645 000 + 28 000
124 000 + 31 000
356 000 + 36 000
123 000 + 59 000

b) 928 000 + 12 000
744 000 + 76 000
356 000 + 84 000
278 000 + 71 000

c) 308 000 + 209 000
446 200 + 105 000
378 914 + 204 000
389 248 + 111 000

3 Du erhältst besondere Ergebnisse.
zu Seite 42

a) 2 476 + 4 313
b) 3 204 + 2 474
c) 2 405 + 5 249
d) 3 875 + 2 668
e) 3 908 + 659
f) 2 593 + 4 196

4

a) 48 643 + 94 365
b) 59 516 + 83 086
c) 87 628 + 94 746
d) 263 668 + 384 986
e) 407 652 + 396 147

5

a) 436 148 + 126 248 + 28 340
306 279 + 187 443 + 269 690
229 987 + 34 668 + 529 008

b) 159 344 + 209 638 + 462 813
308 873 + 46 836 + 169 874
276 987 + 267 053 + 46 789

6 zu Seite 45

a) 8 900 − 600
9 700 − 500
4 600 − 400

b) 7 200 − 5 600
9 500 − 7 800
5 300 − 3 700

c) 73 000 − 20 000
46 000 − 10 000
84 000 − 50 000

d) 98 606 − 80 000
41 368 − 20 000
72 459 − 60 000

7

a) 645 000 − 21 000
897 000 − 34 000
379 000 − 18 000
456 000 − 41 000

b) 287 000 − 32 000
900 000 − 45 000
700 000 − 71 000
854 000 − 34 000

c) 417 000 − 208 000
636 700 − 407 000
793 867 − 306 000
413 406 − 204 000

8 Jedes Ergebnis hat die Quersumme 18.
zu Seite 46

a) 7 248 − 4 395
b) 8 469 − 4 527
c) 6 003 − 2 394
d) 9 131 − 3 857
e) 48 210 − 41 856
f) 18 602 − 15 668

9

a) 213 648 − 164 428
b) 648 312 − 461 841
c) 529 368 − 410 872
d) 877 461 − 293 572
e) 922 464 − 378 975

10 Schreibe untereinander, dann rechne schriftlich.

a) 846 931 − 460 926
438 812 − 241 269
921 617 − 346 621

b) 907 302 − 486 930
813 291 − 641 693
640 936 − 242 296

c) 721 385 − 507 238
674 107 − 83 125
270 219 − 1 946

11

a) Subtrahiere von 317 856 die Hälfte von 1 024.

b) Addiere zu 799 976 das Doppelte von 324.

c) Dividiere 693 durch 7. Addiere zum Ergebnis 300 701.

d) Multipliziere 97 und 5. Subtrahiere das Ergebnis von 947 007.

1 Schreibe als Kilometer (Kommazahl).

zu Seite 49

a) 1 350 m, 1 035 m, 1 300 m
b) 3 km 125 m, 3 km 70 m, 3 km 7 m
c) 500 m, 750 m, 100 m
d) 1 275 m, 725 m, 9 300 m

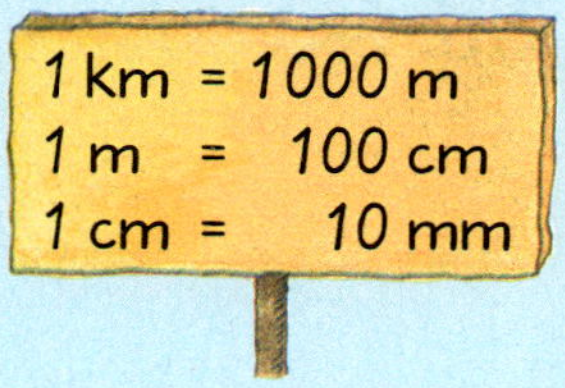

2
a) 2 km – 750 m, 6 km – 125 m
b) 1,8 km – 750 m, 3,6 km – 900 m
c) 12 km – 3 500 m, 9 km – 2 750 m
d) 3,6 km + 500 m, 7,5 km + 850 m

3
a) 4 · 600, 5 · 300, 6 · 800
b) 7 · 700, 4 · 800, 9 · 700
c) 7 · 500, 3 · 900, 8 · 200
d) 6 · 900, 7 · 800, 9 · 400
e) 4 · 700, 9 · 800, 6 · 600

1 500 1 600 2 400 2 700 2800 3 200 3 500 3 600
3 600 4 200 4 800 4 900 5 400 5 600 6 300 7200

4

zu Seite 59

a) 5 · 7 000, 6 · 4 000, 7 · 9 000
b) 8 · 8 000, 5 · 9 000, 2 · 8 000
c) 8 · 6 000, 4 · 2 000, 9 · 3000
d) 7 · 2 000, 8 · 9 000, 2 · 5 000
e) 6 · 7 000, 4 · 9 000, 8 · 4 000

8 000 9 000 10 000 14 000 16 000 24 000 27 000 32 000 35 000 36 000
42 000 45 000 48 000 63 000 64 000 72 000

5

zu Seite 60

a) Immer das Zehnfache: 70 85 100 170 280 370
b) Immer das Hundertfache: 45 87 93 100 180 250

6
a) 40 | 60 ⊙ 30 | 50 | 60
b) 30 | 70 ⊙ 90 | 50 | 80

7 Die drei Ergebnisse in einem Päckchen ergeben zusammen 100 000.
a) 50 · 800, 90 · 200, 70 · 600
b) 80 · 500, 60 · 400, 40 · 900
c) 80 · 400, 60 · 900, 70 · 200
d) 90 · 900, 20 · 200, 50 · 300
e) 20 · 400, 80 · 800, 70 · 400

8 Rechne ohne Stellentafel.

zu Seite 66

a) 342 · 2, 512 · 4, 431 · 3
b) 4 122 · 4, 6 111 · 6, 5 312 · 3
c) 5 243 · 2, 6 321 · 3, 7 212 · 4
d) 13 213 · 3, 21 202 · 4, 31 221 · 3
e) 15 234 · 5, 12 065 · 6, 23 008 · 4

684 864 1 293 2 048 10 486 15 936 16 488 18 963 28 848 36 666 39 639 72 390 76 170 84 808 92 032 93 663

9 Rechne auch hier ohne Stellentafel.
a) 836 · 6, 687 · 7, 763 · 5
b) 979 · 5, 735 · 9, 493 · 4
c) 1 257 · 2, 2 572 · 3, 2 157 · 2
d) 2 179 · 6, 3 351 · 4, 8 734 · 7
e) 4 608 · 9, 9 346 · 7, 5 096 · 8

1 844 1 972 2 514 3 815 4 314 4 809 4 895 5 016 6 615 7 716 13 074 13 404 40 768 41 472 61 138 65 422

10 Die Ergebnisse der untereinander stehenden Aufgaben sind gleich.
a) 45 668 · 2, 22 834 · 4, 11 417 · 8
b) 7 316 · 7, 25 606 · 2, 12 803 · 4
c) 5 180 · 9, 11 655 · 4, 9 324 · 5
d) 16 947 · 4, 9 684 · 7, 22 596 · 3
e) 14 622 · 6, 9 748 · 9, 29 244 · 3

1 Denke an das Komma.

zu Seite 70

a)	b)	c)	d)
9,35 € · 6	9,89 € · 4	15,79 € · 4	12,07 € · 6
7,25 € · 4	6,79 € · 5	32,99 € · 5	27,09 € · 8
8,79 € · 7	4,28 € · 9	33,32 € · 6	35,49 € · 7
2,19 € · 8	3,27 € · 6	24,97 € · 6	49,99 € · 5

16,48 € 17,52 € 19,62 € 29,00 € 33,95 € 38,52 € 39,56 € 56,10 € 61,53 €
63,16 € 72,42 € 149,82 € 164,95 € 199,92 € 216,72 € 248,43 € 249,95 €

2 Anja kauft für ihre Geburtstagsfeier sieben Schachteln Kekse. Eine Schachtel kostet im Supermarkt 1,75 €. Wie teuer sind die sieben Schachteln?

3 Corinna kauft sechs Flaschen Apfelsaft. Eine Flasche kostet 1,19 €. Wie teuer sind die sechs Flaschen?

4 Wie viel Gramm sind es? Schreibe: 3 kg = 3 000 g

zu Seite 78

3 kg 7,5 kg 6,8 kg 2,7 kg 0,7 kg 4,2 kg 0,750 kg

5 Wie viel Kilogramm sind es? Schreibe mit Komma: 6 250 g = 6,250 kg

a)			b)		
6 250 g	8 000 g	4 500 g	2 725 g	500 g	250 g
7 350 g	9 100 g	6 650 g	4 225 g	375 g	70 g
9 075 g	5 400 g	7 120 g	5 075 g	625 g	105 g

6 Rechne aus. Gib das Ergebnis in Kilogramm an.

a)	b)	c)
2 kg 400 g + 300 g	4 kg 800 g + 500 g	10 kg 600 g + 1 700 g
5 kg 350 g + 250 g	7 kg 700 g + 800 g	12 kg 500 g + 1 800 g
8 kg 200 g + 550 g	9 kg 600 g + 700 g	15 kg 800 g + 1 600 g

7 Wie viel Gramm fehlen bis 10 kg?

a)	b)	c)	d)
6 500 g	3 400 g	6 355 g	3 475 g
7 800 g	4 550 g	7 805 g	6 210 g
8 300 g	9 750 g	8 245 g	4 875 g
9 100 g	5 250 g	7 775 g	1 250 g

8 Wie viel Kilogramm sind es? Schreibe: 4 t = 4 000 kg

zu Seite 79

a)					b)				
4 t	8 t	10 t	3,5 t	7,2 t	8,6 t	0,55 t	3,9 t	14,525 t	21,2 t
6 t	3 t	15 t	4,6 t	9,3 t	6,4 t	0,25 t	12,7 t	19,675 t	43,4 t

9 Wie viel Tonnen sind es? Schreibe mit Komma: 3 600 kg = 3,600 t oder kurz 3,6 t

a)			b)		
3 600 kg	2 500 kg	6 350 kg	10 175 kg	500 kg	150 kg
4 800 kg	8 600 kg	12 650 kg	1 775 kg	750 kg	255 kg

10 Ein Lastwagen darf 3,5 t laden. Er soll 16 Kisten transportieren, jede Kiste wiegt 800 kg.

a) Wie viele Kisten kann der Lastwagen laden?

b) Wie oft muss der Lastwagen fahren?

11 Ein Lastwagen wiegt leer 21,9 t. Er hat vier Kisten geladen, jede wiegt 785 kg.

1 zu Seite 85

a) 24 000 | 480 000 : 2 | 4 | 6

b) 36 000 | 540 000 : 3 | 9 | 6

2

a)	b)	c)	d)	e)
3 000 : 6	1 600 : 4	2 800 : 4	8 100 : 9	6 400 : 8
4 900 : 7	4 200 : 6	1 500 : 5	6 300 : 7	4 800 : 6
2 500 : 5	5 600 : 7	1 200 : 6	5 400 : 6	2 400 : 3
6 300 : 9	8 100 : 9	3 600 : 6	3 600 : 9	1 500 : 5

3 zu Seite 86

Die Ergebnisse in einem Päckchen ergeben zusammen 200.

a)	b)	c)	d	e)
18 000 : 200	24 000 : 800	30 000 : 300	35 000 : 500	21 000 : 700
18 000 : 900	63 000 : 900	24 000 : 400	40 000 : 800	24 000 : 300
63 000 : 700	70 000 : 700	20 000 : 500	48 000 : 600	36 000 : 400

4

Die Ergebnisse in einem Päckchen ergeben zusammen 300.

a)	b)	c)	d)	e)
5 400 : 60	2 800 : 40	2 400 : 30	5 400 : 90	3 500 : 50
2 400 : 40	5 600 : 70	4 800 : 80	3 600 : 40	6 400 : 80
2 100 : 30	3 000 : 50	1 800 : 20	2 700 : 30	6 300 : 70
4 000 : 50	4 500 : 50	4 200 : 60	1 800 : 30	4 200 : 70

5

Die Ergebnisse in einem Päckchen ergeben zusammen immer 20.

a)	b)	c)	d)	e)
2 400 : 400	1 800 : 600	3 000 : 600	6 400 : 800	7 200 : 900
1 800 : 900	1 500 : 500	2 800 : 700	2 400 : 600	3 200 : 800
1 200 : 300	1 600 : 200	2 100 : 700	3 500 : 700	2 500 : 500
4 000 : 500	4 800 : 800	2 400 : 300	2 700 : 900	2 400 : 800

6

a) 240 000 | 480 000 : 20 | 40 | 60

b) 80 000 | 160 000 : 100 | 200 | 400

7

a) 320 000 | 640 000 : 40 | 400 | 4 000

b) 210 000 | 420 000 : 70 | 700 | 7 000

8 zu Seite 89

Erst das Grobe.

a)	b)	c)	d)
693 : 3	832 : 4	8 622 : 6	8 721 : 3
654 : 3	924 : 4	9 864 : 6	7 714 : 7
963 : 3	764 : 4	9 636 : 6	8 125 : 5
768 : 3	972 : 4	9 216 : 6	7 664 : 4

9

a)	b)	c)
46 772 : 4	70 638 : 6	98 736 : 8
46 776 : 3	71 646 : 3	84 355 : 5
54 328 : 4	73 465 : 5	73 956 : 3

11 693 11 773 12 342 12 442 13 582 14 693 15 592 16 871 23 882 24 652

10 zu Seite 91

Vorsicht! Nullen im Ergebnis.

a)	b)	c)	d)
42 162 : 3	30 216 : 6	65 632 : 8	57 060 : 9
48 144 : 4	50 456 : 7	49 259 : 7	43 260 : 6
51 725 : 5	37 854 : 6	42 448 : 8	21 360 : 4

5 036 5 306 5 340 6 309 6 340 7 037 7 208 7 210 8 204 9 204 10 345 12 036 14 054

1 Aufgaben mit Rest.

zu Seite 92

a) 25 876 : 5	b) 34 967 : 4	c) 19 643 : 8	d) 24 216 : 5	e) 153 647 : 9
44 831 : 7	54 987 : 6	21 785 : 3	60 536 : 9	264 839 : 4
31 426 : 8	27 344 : 9	42 124 : 6	63 158 : 7	573 483 : 5
42 693 : 5	41 247 : 8	91 412 : 9	57 376 : 8	645 308 : 8

2 Dividiere alle Zahlen durch 5. Welche Restekörbe brauchst du? Sortiere.

a)	25 542	30 201	42 363	60 527	65 578	71 406
b)	18 348	26 154	36 619	40 708	55 214	84 559
c)	136 472	243 067	258 416	360 351	573 426	493 747
d)	170 317	107 315	343 274	516 641	546 323	564 965

3 Wie viel Euro kostet ein Kilogramm jeder Sorte?

zu Seite 93

a) 5 kg Apfelsinen kosten 6,75 €.
b) 3 kg Mandarinen kosten 5,28 €.
c) 5 kg Zwiebeln kosten 3,45 €.
d) 8 kg Kartoffeln kosten 6,00 €.

4

a) 6,25 € : 5	b) 10,71 € : 7	c) 61,53 € : 7	d) 36,96 € : 6
8,54 € : 7	9,18 € : 6	78,45 € : 5	64,25 € : 5
6,18 € : 6	12,75 € : 5	88,86 € : 6	55,44 € : 4

5

a) 226,35 € : 5	b) 304,64 € : 4	c) 605,58 € : 6	d) 1 041,57 € : 9
481,14 € : 3	891,45 € : 7	812,24 € : 8	2 142,84 € : 7

6

zu Seite 106

a) 6 417 · 36	b) 7 328 · 62	c) 4 709 · 48	d) 5 305 · 43
5 428 · 54	3 497 · 74	8 053 · 87	2 912 · 64

186 368 226 032 228 115 231 012 231 102 258 778 293 112 454 336 700 611

7 Die Summe der beiden Ergebnisse ist immer 450 000.

a) 798 · 320	b) 702 · 150	c) 435 · 780	d) 408 · 510	e) 990 · 270
811 · 240	766 · 450	738 · 150	384 · 630	435 · 420

Das **Raketen-Spiel** auf der Rückseite des Umschlags steht im Zusammenhang mit den entsprechenden Übungsformen zum **Überschlag beim Multiplizieren**.
Auf dem Planeten ist eine Landebahn abgesteckt (die Darstellung erinnert an den Zahlenstrahl oder den Rechenstrich). Wie lang sie ist, wird von den Kindern festgelegt und in die beiden Felder eingetragen. In diesem Zielgebiet soll die Rakete landen. Auf der Rakete werden in die beiden Felder zwei Zahlen eingetragen und multipliziert: Das Ergebnis soll im Zielgebiet liegen.

Ariane X (Multiplizieren mit einstelligem Multiplikator, vergleiche Seite 68)
- Die Kinder legen fest, mit welcher Rakete sie fliegen wollen, indem sie in das rote Feld der Rakete eine Zahl von 2 bis 9 eintragen. Schreiben sie 7, heißt die Rakete „Ariane 7".
- Dann schreiben sie auf einen Zettel zehn verschiedene Zahlen mit drei, vier oder fünf Stellen – das sind die Treibstoff-Tanks.
- Schließlich legen sie fest, wo die Rakete landen soll, indem sie zwei „glatte" Zahlen (Zehntausender, Hunderttausender) in die Felder des Planeten eintragen.

Los geht's: Welchen Treibstoff muss die Rakete tanken, damit sie im Zielgebiet landet?
Meist geht es mit mehreren Tanks. Findet ihr sie alle?
Natürlich kann man das durch Probieren feststellen; aber das dauert. Besser ist es, die Treibstoff-Zahlen zu runden, den Überschlag durchzuführen und erst dann genau zu rechnen.

Meist bleiben Treibstoff-Tanks über, mit denen man nicht im Zielgebiet landet. Dann kann man das Spiel z. B. so fortsetzen: Das Zielgebiet wird beibehalten. Gesucht wird eine neue Rakete (Zahl im roten Feld), die mit einem oder sogar mehreren der übrig gebliebenen Tanks ins Zielgebiet fliegt.

Weitere Spielanregungen finden Sie im Praxisbegleiter.